高校经典教材同步辅导丛书

结构力学Ⅱ专题教程（第三版）同步辅导及习题全解

主　编　黄淑森

中国水利水电出版社
www.waterpub.com.cn

内 容 提 要

本书是与高等教育出版社出版，龙驭球、包世华、袁驷等主编的《结构力学Ⅱ—专题教程（第三版）》一书配套的同步辅导及习题全解辅导书。

本书共有八章，分别介绍静定结构总论、超静定结构总论、能量原理、结构矩阵分析续论、结构动力计算续论、结构的稳定计算、结构的极限荷载、结构力学与方法论。本书按教材内容安排全书结构，各章均包括本章知识要点概述、知识点归纳、典型例题与解题技巧、课后习题全解四部分内容。全书按教材内容，针对各章节习题给出详细解答，思路清晰，逻辑性强，循序渐进地帮助读者分析并解决问题，内容详尽，简明易懂。

本书可作为高等院校学生学习“结构力学Ⅱ—专题教程（第三版）”课程的辅导教材，也可作为考研人员复习备考的辅导教材，同时可供教师备课命题作为参考资料。

图书在版编目（CIP）数据

结构力学II专题教程（第三版）同步辅导及习题全解/黄淑森主编. -- 北京 : 中国水利水电出版社，2014.4（2018.3 重印）
（高校经典教材同步辅导丛书）
ISBN 978-7-5170-1836-0

Ⅰ. ①结… Ⅱ. ①黄… Ⅲ. ①结构力学—高等学校—教学参考资料 Ⅳ. ①O342

中国版本图书馆CIP数据核字(2014)第056198号

策划编辑：杨庆川　责任编辑：杨元泓　加工编辑：孙　丹　封面设计：李　佳

书　名	高校经典教材同步辅导丛书 结构力学Ⅱ专题教程（第三版）同步辅导及习题全解
作　者	主　编　黄淑森
出版发行	中国水利水电出版社 （北京市海淀区玉渊潭南路 1 号 D 座　100038） 网址：www.waterpub.com.cn E-mail：mchannel@263.net（万水） sales@waterpub.com.cn 电话：（010）68367658（发行部）、82562819（万水）
经　售	北京科水图书销售中心（零售） 电话：（010）88383994、63202643、68545874 全国各地新华书店和相关出版物销售网点
排　版	北京万水电子信息有限公司
印　刷	三河航远印刷有限公司
规　格	170mm×227mm　16 开本　9.25 印张　225 千字
版　次	2014 年 4 月第 1 版　2018 年 3 月第 3 次印刷
印　数	9001—14000 册
定　价	18.50 元

前言

龙驭球、包世华、袁驷等主编的《结构力学Ⅱ—专题教程(第三版)》以体系完整、结构严谨、层次清晰、深入浅出的特点成为这门课程的经典教材，被全国许多院校采用。为了帮助读者更好地学习这门课程，掌握更多的知识，我们根据多年的教学经验编写了这本与此教材配套的《结构力学Ⅱ专题教程(第三版)同步辅导及习题全解》。本书旨在使广大读者理解基本概念，掌握基本知识，学会基本解题方法与解题技巧，进而提高应试能力。

本书作为一种辅助性的教材，具有较强的针对性、启发性、指导性和补充性。考虑"结构力学Ⅱ—专题教程(第三版)"这门课程的特点，我们在内容上作了以下安排：

1. 本章知识要点概述。每章前面均对本章的知识要点进行了整理。综合众多参考资料，归纳了本章几乎所有的考点，便于读者学习与复习。

2. 知识点归纳。对每章知识点做了简练概括，梳理了各知识点之间的脉络联系，突出各章主要定理及重要公式，使读者在各章学习过程中目标明确，有的放矢。

3. 典型例题与解题技巧。该部分选取了一些具有启发性或综合性较强的经典例题，对所给例题先进行分析，再给出详细解答，意在抛砖引玉。

4. 课后习题全解。教材中课后习题丰富、层次多样，许多基础性问题从多个角度帮助学生理解基本概念和基本理论，促其掌握基本解题方法。我们对教材的课后习题给了详细的解答。

由于时间较仓促，编者水平有限，难免书中有疏漏之处，敬请各位同行和读者给予批评、指正。

编　者

2014 年 03 月

目录
contents

目 录
contents

第 11 章 静定结构总论

本章知识要点概述

1. 理解静力计算过程中隔离体方法及截取的优先顺序。总结隔离体平衡在各类静定结构中应用的特点。

2. 掌握用零载法判定 $W=0$ 体积几何。了解空间体系的几何构造分析。

3. 掌握用虚功原理求静定结构内力的方法。会用单位位移法求解简单静定结构的约束力。

4. 了解简支梁的包络图和绝对最大弯矩的概念及其计算方法。了解静定结构的一般性质，总结各类静定结构的受力特点。

知识点归纳

一、几何构造分析与受力分析之间的对偶关系(见表 11-1)

表 11-1　自由度 W、平衡方程 S、未知力数 m 及系数行列式 D 之间的关系

几何特性	静力的特性	
$W>0$,几何可变	$S>m$	矛盾方程,无解
$W<0$ 且几何不变,有多余约束	$S<m$	方程组有无穷多解
$W<0$ 且几何可变,有多余约束	$S<m$	一般荷载下,方程组无解;特殊荷载下,方程组有无穷多解
$W=0$,$D\neq0$,几何不变,无多余约束	$S=m$	方程有唯一确定解
$W=0$,$D=0$,几何可变(或瞬变),有多余约束	$S=m$	一般荷载下,方程组无解;特殊荷载下,方程组有无穷多解

二、零载法

1. 零载法

对于 $W=0$ 的体系,如果是几何不变的,则在荷载为零的情况下,它的全部内力都为零;反之,如果是几何可变的,则在荷载为零的情况下,它的某些内力不为零。

2. 从虚功原理角度看零载法

自内力状态能(否)存在是体系有(无)多余约束的标志。

三、空间杆件体系的几何构造分析

1. 空间几何不变体系的组成规律

(1)空间中一点与一刚体用三根链杆相连,且三链杆不在同一条平面内,则组成几何不变的整体,且无多余约束。

(2)一刚体与另一刚体用六根链杆相连,如链杆中有三根交于一点,而不在同一平面内,当六根链

杆不交于同一直线时，组成几何不变的整体，且无多余约束。

(3)一刚体与另一刚体用六根链杆相连，如链杆中有三根位于同一平面内而不交于一点，当六根杆不交于同一直线时，则组成几何不变的整体，且无多余约束。

2. 空间链接体系的计算自由度 W

$W=3j-b$ （j 为体系结点的总数，b 为链杆与支杆总数。）

四、静定空间刚架

1. 内力计算

采用截面法。由于一个物体在空间有六个自由度，故可对所取隔离体建立六个平衡方程，由此求出截面上六个内力分量：F_N、F_{Q1}、F_{Q2}、M_t、M_1、M_2。

2. 位移计算

$$\Delta=\sum\int\frac{\overline{M}_y M_{yP}}{EI_y}\mathrm{d}s+\sum\int\frac{\overline{M}_z M_{zP}}{EI_z}\mathrm{d}s+\sum\int\frac{\overline{M}_t M_{tP}}{GI_t}\mathrm{d}s$$

五、静定空间桁架

1. 空间桁架几何构造

计算自由度 $W=3j-b$，如 $W>0$，则体系可变；若体系是几何不变的且无多余约束的空间桁架，则必有 $W=0$。

2. 结点法和截面法

结点法是截取结点为隔离体，利用每个结点所受的空间汇交力系的三个平衡条件，求各杆的轴力。其平衡条件为

$$\sum F_x=0,\sum F_y=0,\sum F_z=0$$

3. 分解成平面桁架法

六、悬索结构

1. 悬索结构的特点

悬索结构是由一系列受拉的索作为主要承重构件，按一定规律组成各种不同形式的体系，并悬挂在相应的支承上的结构。分为单层索系、双层索系、鞍形索网、斜拉式屋盖及索梁体系等。

2. 单根悬索的计算方法

基本假设：(1)索为理想柔性，即不能受压，不能受弯，只能受拉。

(2)索在使用阶段时，应力和应变符合胡克定律。

基本平衡微分方程

$$\begin{cases}\dfrac{\mathrm{d}F_{\mathrm{H}}}{\mathrm{d}x}+q_x=0\\[2ex]\dfrac{\mathrm{d}}{\mathrm{d}x}\left(F_{\mathrm{H}}\dfrac{\mathrm{d}y}{\mathrm{d}x}\right)+q_y=0\end{cases}$$

七、静定结构的一般性质

(1)静定结构无自内力：温度改变、支座移动和制造误差等因素在静定结构中不引起内力。

(2)静定结构的局部平衡特性：在荷载作用下，如仅由静定结构的某个局部就可以与荷载保持平衡，则其余部分内力为零。

(3)静定结构的荷载等效的特性：当静定结构的一个内部几何不变部分上的荷载作等效变换时，其余部分内力不变。

(4)静定结构的构造变换特性：当静定结构的一个内部几何不变部分作等效构造变换时，其余部分内力不变。

八、各种结构形式的受力特点

(1)静定结构五种典型结构形式：梁、刚架、桁架、拱和组合结构。在静定多跨梁和伸臂梁中，利用杆端的负弯矩可以减小跨中的正弯矩。

(2)在有推力结构中，利用水平推力的作用可以减少弯矩峰值。

(3)在桁架中，利用杆件的链接和合理布置及荷载的结点传递方式，可使桁架中的各杆处于无弯矩状态。

■ 九、简支梁的包络图和绝对最大弯矩

连接各截面内力最大值的曲线称为内力包络图。

弯矩的包络图中，最高的竖距称为绝对最大弯矩。

■ 十、位移影响线

设有一方向不变的单位力 $F_P=1$ 在结构上移动，结构上拟求位移 Δ_K 的影响系数 δ_{KP} 亦随之变化。表示 δ_{KP} 变化规律的图线称为位移影响线。

典型例题与解题技巧

例 1 试用零载法检验例 11-1 图(a)所示体系是否几何不变。

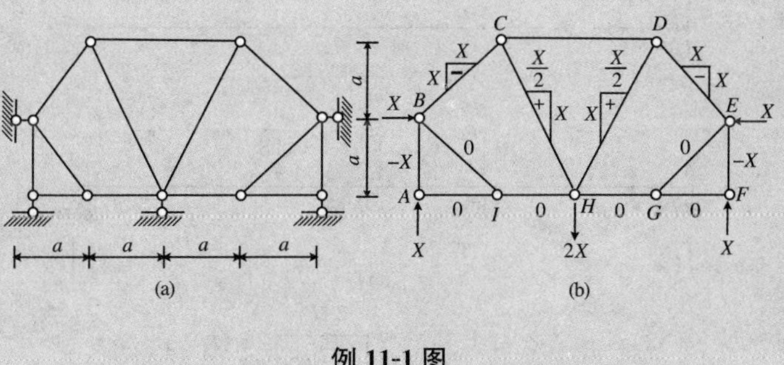

例 11-1 图

知识点窍 用零载法判定 $W=0$ 体系的几何不变性时，采用初参数法。

解题过程 计算自由度 $W=2j-b=2\times9-18=0$ 可采用零载法分析。

在零载状态下，设支座 A 竖反力 $F_{yA}=X(\uparrow)$，X 为任意值，由平衡条件得 $F_{yF}=X(\uparrow)$，$F_{yH}=2X(\downarrow)$。轴力 $F_{NAB}=F_{NEF}=-X$，找出六根零杆。如例 11-1 图(b)所示，逐次由结点 B、E、C、D 的平衡条件求得支座 B、E 水平反力及各杆轴力(斜杆以分量表示)，最后由结点 H 平衡条件得

$$\sum F_x = 0, \frac{X}{2} - \frac{X}{2} = 0, \text{即 } X \cdot 0 = 0$$

$$\sum F_y = 0, 2X - 2X = 0, \text{即 } X \cdot 0 = 0$$

当 X 为任意值时，均满足上式。可见，反力、内力除零解外，存在无穷多组非零解均满足平衡条件，因此该体系几何可变。

讨论：对本题所示复杂体系进行几何构造分析相当困难，须连续运用约束等效变换，而用零载法分析比较容易。

例 2 试对例 11-2 图(a)所示梁式桁架和图(b)所示同跨同荷载的简支梁（代梁）进行比较。推算桁架弦杆 1、2，斜杆 3，竖杆 4 的轴力与代梁相应截面弯矩、剪力的关系。

知识点窍 平衡弦梁式桁架计算轴力时，可借助简支代梁的弯矩、剪力图。桁架未知轴力均设为拉力。

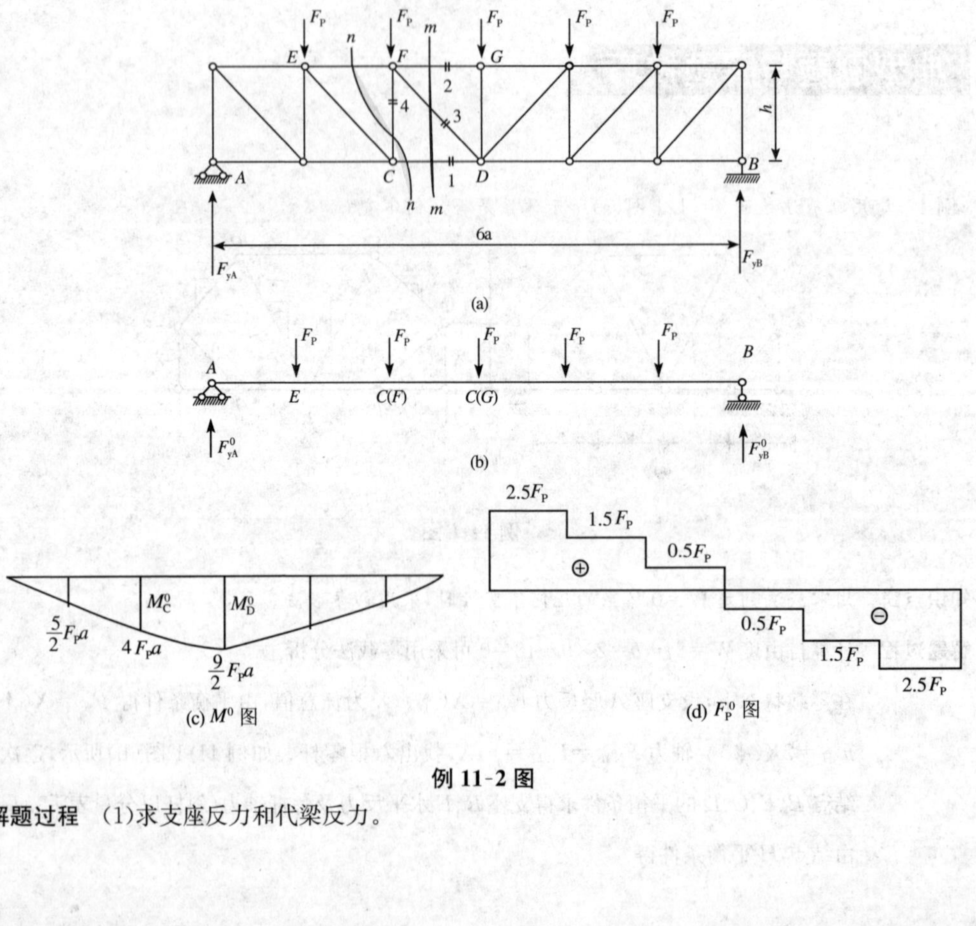

例 11-2 图

解题过程 (1)求支座反力和代梁反力。

桁架支座反力 F_{yA} 与代梁反力 F_{yA}^0 相等，即由平衡条件 $\sum M_B = 0, \sum M_A = 0$ 分别得

$F_{yA} = F_{yA}^0 = 2.5F_P(\uparrow), F_{yB} = F_{yB}^0 = 2.5F_P(\uparrow)$。

(2)作简支代梁的弯矩 M^0 图和剪力 F_P^0 图，如例 11-2 图(c)和(d)所示。

(3)求桁架弦杆轴力。

作 $m-m$ 截面，如例 11-2 图(a)所示，由其左边隔离体列平衡方程 $\sum M_F = 0$，得

$$F_{N1} \cdot h = F_{yA} \times 2a - F_P \times a = M_C^0, F_{N1} = \frac{M_C^0}{h}$$

由 $\sum M_D = 0$，得

$$F_{N2} \cdot h = -F_{yA} \times 3a + F_P \times 2a + F_P \times a = -M_D^0, F_{N2} = -\frac{M_D^0}{h}$$

(4)求桁架斜杆轴力 F_{N3}。

由 $m-m$ 截面左侧隔离体投影平衡方程 $\sum F_y = 0$，得

$$F_{y3} = F_{yA} - F_P - F_P = F_{QCD}^0$$

F_{QCD}^0 为代梁 CD 段截面剪力，根据比例关系可由 F_{y3} 算出轴力 F_{N3}。

(5)求竖杆轴力 F_{N4}。

作 $n-n$ 截面，如例 11-2 图(a)所示，由其左部隔离体列平衡方程 $\sum F_y = 0$，得

$$F_{N4} = -F_{yA} + F_P = -F_{QEF}^0$$

F_{QEF}^0 为代梁 EF(即 EC)段的截面剪力，取负号是因轴力 F_{N4} 设为拉力时与代梁剪力方向相反(对左部截面为逆时针)。

课后习题全解

11-1 解题过程 (a)荷载为零，即支反力为零，则按照二元体逐渐去除的方法及零杆的判断原则，可知所有桁架杆件内力都为零。如题 11-1 图解(a)所示，所以体系几何不变。

(b)荷载为零，即支反力为零，去除二元体，可知桁架各杆都为零杆。如题 11-1 图解(b)所示，所以体系几何不变。

(c)按照零杆判断原则，可知所有桁架杆件全为零杆。如题 11-1 图解(c)所示，故体系

几何不变。

(d)按照通路法，假设其中一杆内力为 X，运用结点法可求出各杆内力。如题 11-1 图解(d)所示，可以验证是平衡的，所以体系可能会有自建内力，即 X 可能不为零，所以体系几何可变。

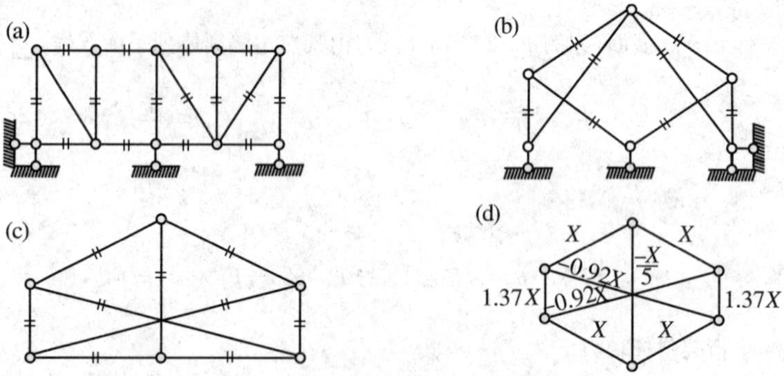

题 11-1 图解

11-2 解题过程 (a)四面体 $GDEF$ 为一刚体，通过 DA、EA、EB、EC、FC、GH 六链杆与基础杆相连，EA、EB、EC 三链杆支于一点，且六链杆不交于同一直线上，则体系几何不变，且无多余约束。

(b)体系为无多余约束的几何不变体系。

自由度计算：结构由 6 个结点、12 根杆与 6 根支杆组成，把结点视为自由点，杆作为约束，体系自由度为　$W=3\times6-12-6=0$

结构组成：B 点被三杆固定在基础上，由杆 BF 和两支杆固定 F 点，再由杆 BD、杆 FD 和支杆固定 D 点，这部分为无多余约束的几何不变体系。刚体 AEC 由六根链杆与几何不变部分相连，由杆 AB 和 DA 固定的 A 点只能绕 BD 轴作圆周运动。同理，E 点只能绕 BF 轴作圆周运动，C 点只能绕 FD 轴作圆周运动。要使这三个运动瞬时成为可能，有两种情况。其一，这三个圆的切线相互平行，即三个圆运动平行，刚体有同一方向运动的可能。显然，这种情况不可能。其二，三圆周的三条切线有转动中心，这时刚体存在一个转轴，使得这三点都保持原有切线方向运动。显然，平面 ACE 为点 A、点 E 和点 C 三点作圆周运动的切线所在的公共面。过这三点作切线的垂线，若这三条垂线交于同一点，则过这点作平面 ACE 的垂线，该垂线为刚体的瞬时转动轴。结构为瞬变体系，而三角形 AEC 的三边就是这三条垂线，显然不交于一点，于是结构不可能成为瞬变系统。

11-3 解题过程 (a)

$$M_{yA}=200\times1.6=320\ \text{N}\cdot\text{m}$$

$$M_{zA}=100\times0.8=80\ \text{N}\cdot\text{m}$$

$$F_{QzAc}=200\ \text{N}$$

$$M_{tBC}=200\times0.06=12\ \text{N}\cdot\text{m}$$

$$M_{tAB}=12-100\times0.1=2\ \text{N}\cdot\text{m}$$

$$F_{QyAB}=-100\ \text{N}$$

内力图如题 11-3 图解(a)所示。

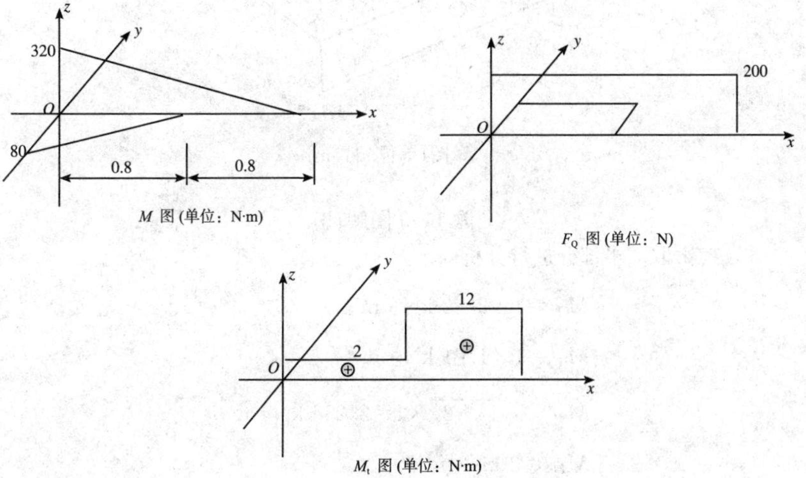

题 11-3 图解(a)

(b)

$$M_{BC}=\frac{1}{2}q\times1.5^2=1.125q\ \text{kN}\cdot\text{m}$$

$$M_{AB}=\frac{1}{2}q\times2^2+1.5\times q\times2=5q\ \text{kN}\cdot\text{m}$$

$$F_{QB}=1.5q\ \text{kN}$$

$$F_{QA}=1.5q+2q=3.5q\ \text{kN}$$

$$M_{tAB}=-\frac{1}{2}\times q\times1.5^2=-1.125q\ \text{kN}\cdot\text{m}$$

内力图如题 11-3 图解(b)所示。

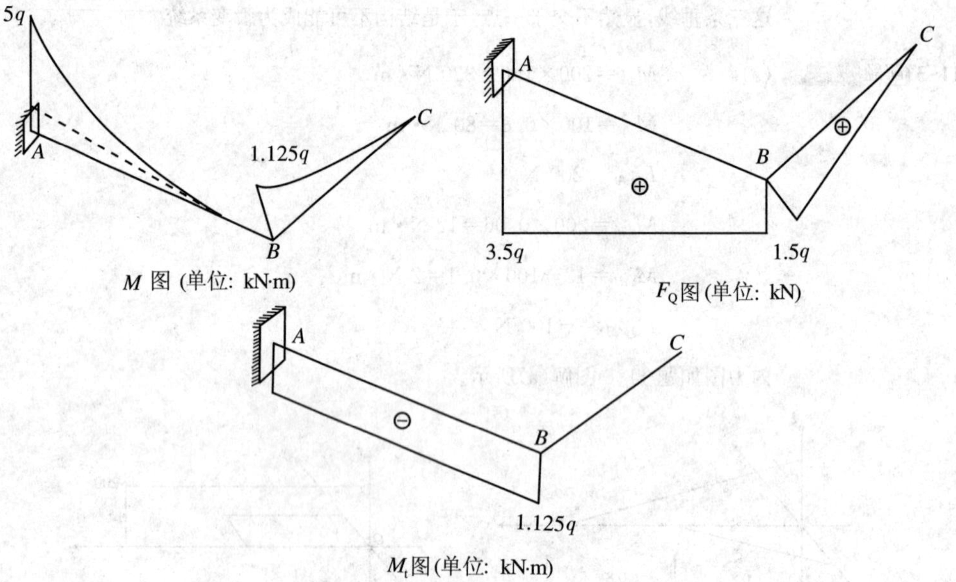

题 11-3 图解(b)

(c)取左半部分进行分析。

$$M_{CD}=1\times2=2\ \text{kN}\cdot\text{m}$$

$$M_{BC}=1\times1=1\ \text{kN}\cdot\text{m}$$

$$M_{BA}=\sqrt{1^2+2^2}\times1=2.236\ \text{kN}\cdot\text{m}$$

$$M_{tBC}=2\ \text{kN}\cdot\text{m}$$

$$M_{QBC}=F_{QCD}=1\ \text{kN}$$

$$F_{NAB}=1\ \text{kN}$$

内力图如题 11-3 图解(c)所示。

因右半部分与左半部分对称，过程从略。

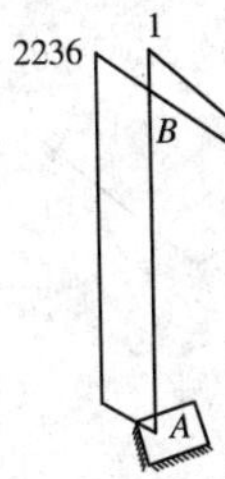

M 图 (单位: kN·m)

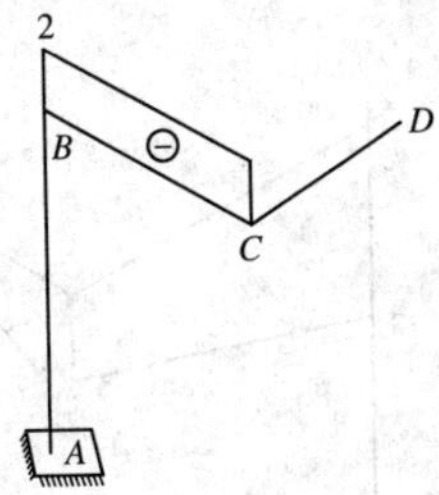

M_t 图 (单位: kN·m)

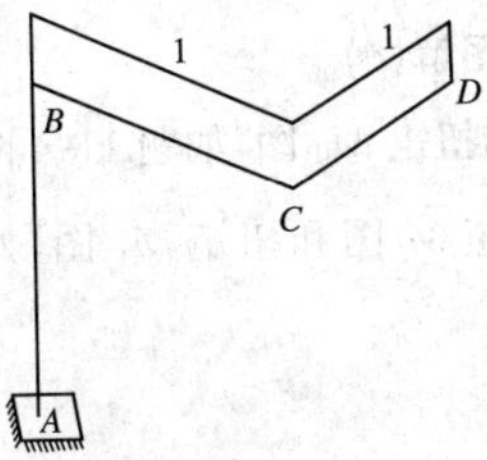

F_Q 图 (单位: kN)

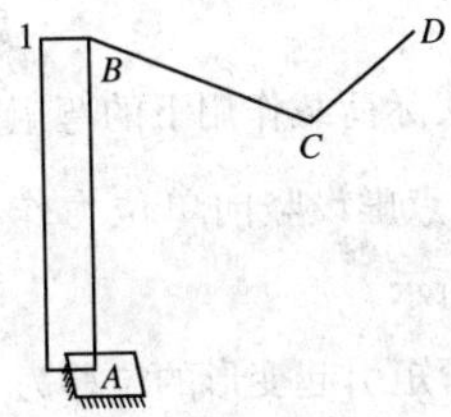

F_Q 图 (单位: kN)

题 11-3 图解(c)

(d)因结构对称,取左半部分进行分析。

$$M_{CD}=\frac{1}{2}\times1\times2^2=2\ \text{kN}\cdot\text{m}$$

$$M_{BC}=\frac{1}{2}\times1\times1^2+1\times2\times1=2.5\ \text{kN}\cdot\text{m}$$

$$M_{AB}=\sqrt{2.5^2+2^2}=3.2\ \text{kN}\cdot\text{m}$$

$$M_{tBC}=2\ \text{kN}\cdot\text{m}$$

$$F_{QCD}=1\times2=2\ \text{kN}$$

$$F_{QBC}=1\times2+1\times1=3\ \text{kN}$$

$$F_{NAB}=1\times(2+1)=3\ \text{kN}$$

内力图如题 11-3 图解(d)所示。

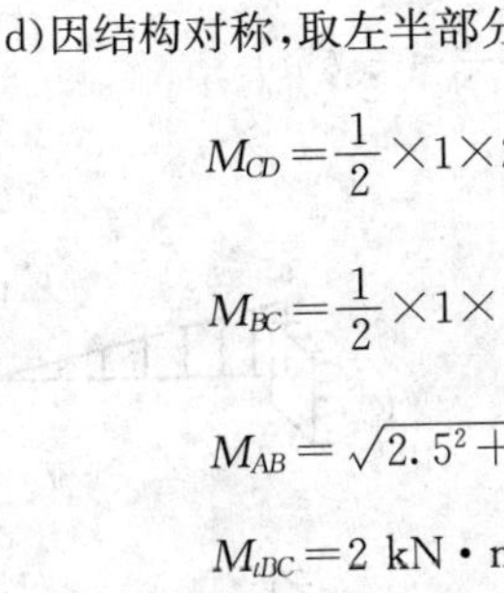

M 图 (单位: kN·m)

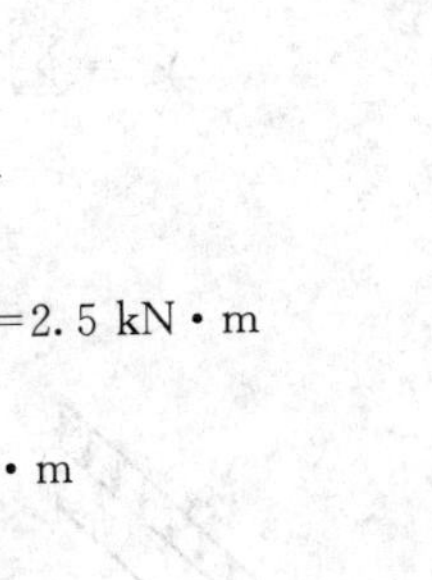

M_t 图 (单位: kN·m)

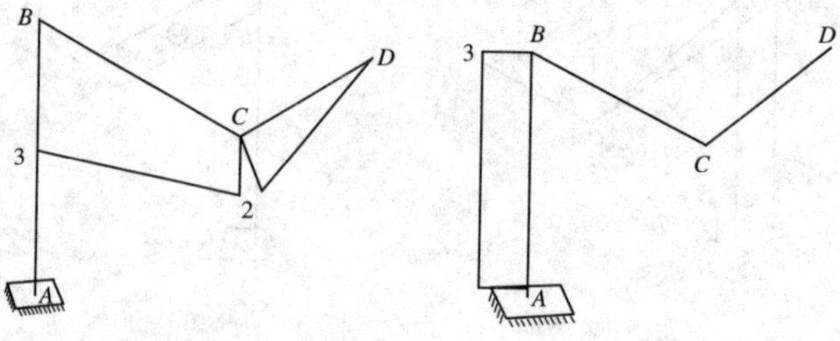

题 11-3 图解(d)

11-4 解题过程 实际荷载作用下的弯矩 M_P 图和扭矩 M_{tP} 图，如题 11-4 图解(b)和(d)所示。

c 点虚设竖向单位力作用下弯矩 $\overline{M}$ 图和扭矩 $\overline{M}_t$ 图，如题 11-4 图解(c)和(e)所示。

弯矩引起变形的位移为

$$\Delta_1 = \sum\int \frac{\overline{M}M_P}{EI}ds = \frac{q}{EI}(\frac{1}{3}a^3b + \frac{1}{8}b^4)$$

扭转引起的位移为

$$\Delta_2 = \sum\int \frac{\overline{M}_t M_{tP}}{GI_t}ds = \frac{q}{GI_t}\left(\frac{1}{2}b^3a\right)$$

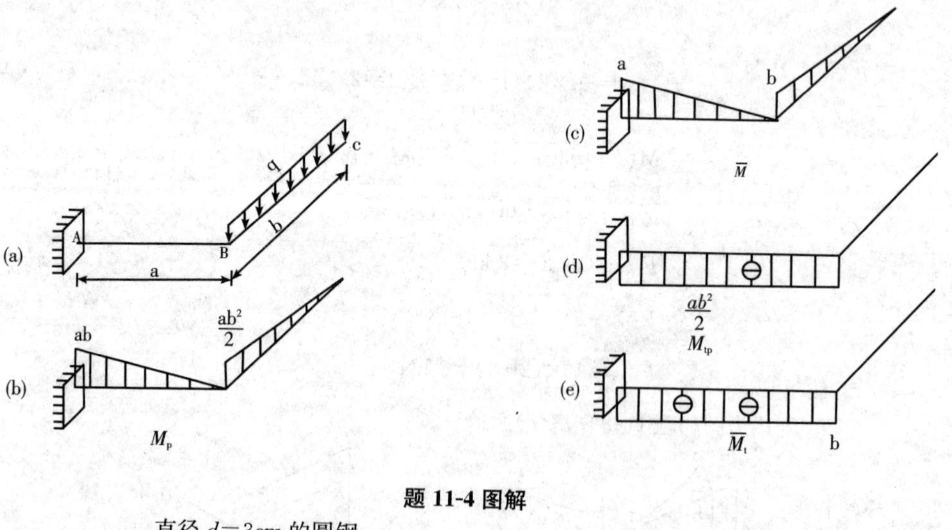

题 11-4 图解

直径 d=3cm 的圆钢

$$I = \frac{\pi d^4}{64} = 3.976 \times 10^{-8}\,m^4$$

$$I_t=\frac{\pi d^4}{32}=7.952\times10^{-8}\,m^4$$

$$q=20\ N/cm=2\times10^3\ N/cm$$

$$\Delta_1=\frac{2\times10^3}{2.1\times10^{11}\times3.976\times10^{-8}}\left(\frac{1}{3}\times0.6^3\times0.4+\frac{1}{8}\times0.4^4\right)$$

$$=7.7\times10^{-3}\,m=7.7\ mm$$

$$\Delta_2=\frac{2\times10^3}{0.8\times10^{11}\times7.952\times10^{-8}}\frac{1}{2}\times0.4^3\times0.6$$

$$=6.0\times10^{-3}\ m=6.0\ mm$$

$$\Delta_c=\Delta_1+\Delta_2=13.7\ mm$$

故 C 点竖向位移为 13.7 mm(↓)。

11-5 解题过程 实际荷载作用下弯矩 M_P 图和扭矩 M_{tP}图见题 11-5 图解(c)和(e)所示。

在切口边加虚设单位力(如题 11-5 图解(b)所示)产生的弯矩 $\overline{M}$ 图和扭矩图 $\overline{M}_t$ 图见题 11-5 图解(d)和(f)所示。

弯矩变形引起位移为

$$\Delta_1=\sum\int\frac{M_P\overline{M}}{EI}ds=\frac{F_P}{EI}\left(\frac{1}{6}a^3+\frac{2}{3}b^3\right)$$

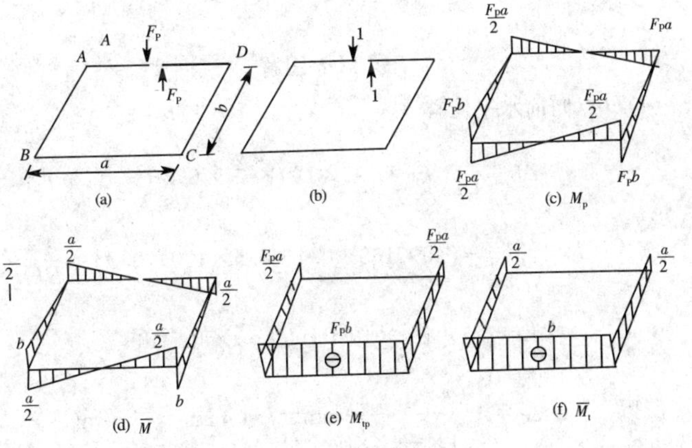

题 11-5 图解

扭转变形引起位移为

$$\Delta_2=\sum\int\frac{M_{tP}\overline{M}_t}{GI_t}ds=\frac{F_P}{GI_t}\left(\frac{1}{2}a^2b+ab^2\right)$$

总位移为

$$\Delta=\Delta_1+\Delta_2=\frac{F_P}{EI}\left(\frac{1}{6}a^3+\frac{2}{3}b^3\right)+\frac{F_P}{GI_t}\left(\frac{1}{2}a^2b+ab^2\right)$$

11-6 解题过程 要求 D 点位移分向前、向左、向下三种情况分别加单位力,并作 M_P、$\overline{M}_1$、$\overline{M}_2$、$\overline{M}_3$

图，如题 11-6 图解所示。利用图乘法可得

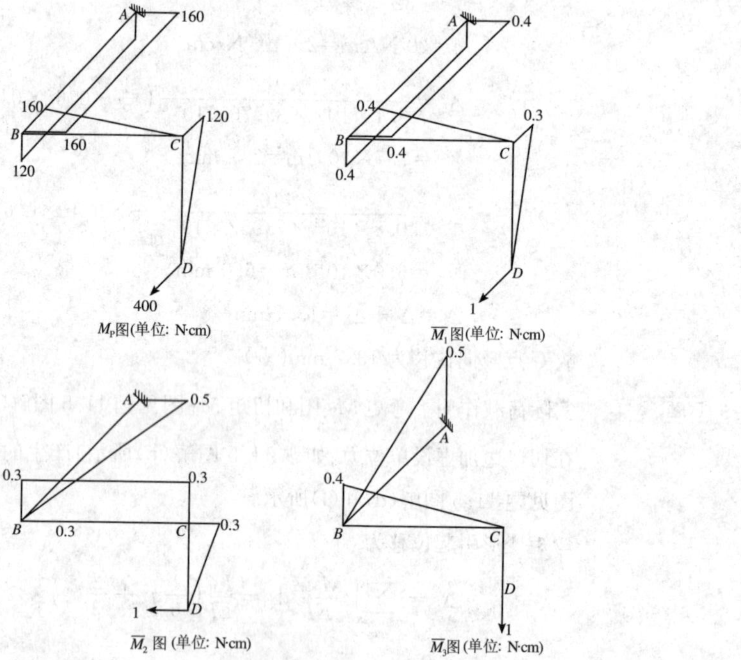

题 11-6 图解

(1)D 点向前水平位移。

$$\Delta_D^1=\frac{1}{EI}\left(\frac{1}{2}\times0.3\times120\times\frac{2}{3}\times0.3+\frac{1}{2}\times0.4\times160\times\frac{2}{3}\times0.4+0.5\times160\times0.4+0.5\times120\times0.3\right)=\frac{1}{EI}\times62.133$$

又 $E=2.1\times10^5\times10^6\,\mathrm{Pa},I=\frac{\pi}{64}\times10^{-8}\,\mathrm{m}^4$

所以 $\Delta_D^1=\frac{62.133}{2.1\times\frac{\pi}{64}\times81}\mathrm{mm}=7.45\mathrm{mm}=0.75\mathrm{cm}(\swarrow)$

(2)D 点向左位移。

$$\Delta_D^2=\frac{1}{EI}\times\left(\frac{1}{2}\times0.5\times0.5\times160\right)=\frac{20}{EI}=2.395\mathrm{mm}=0.24\ \mathrm{cm}(\leftarrow)$$

(3)D 点向下位移。

$$\Delta_D^3=-\frac{1}{EI}\times\frac{1}{2}\times0.5\times0.5\times120$$

$$=\frac{-15}{EI}=1.796\ \mathrm{mm}=-0.18\ \mathrm{cm}(\uparrow)$$

11-7 解题过程 (a)首先,假定 CE 为虚杆,分析 CDE 平面三角形,如题 11-7 图解(a)和题 11-7 图解(b)所示,由节点 C 受力平衡,得

$$\sum F_y = 0, F_{NCD} \cdot \sin 45° = 2, \text{即 } F_{NCD} = 2\sqrt{2}\ \text{kN(拉)}$$

$$\sum F_x = 0, F_{NCE} = F_{NCD} \cdot \cos 45°, \text{即 } F_{NCE} = 2\ \text{kN(压)}$$

再以平面 ABC 内各杆为对象受力分析,如题 11-7 图解(a)所示,将 F_{NCE} 分解到杆 AC 和杆 BC 上,得

$$F_{NAC} = F_{NBC} = \frac{1}{2} F_{NCE} / \cos\theta$$

又 $\cos\theta = \frac{2}{5}\sqrt{5}$,所以 $F_{NAC} = F_{NBC} = \frac{\sqrt{5}}{2}\text{kN}$

(b)解题思路同(a),$F_{NBD} = \sqrt{2} F_P$,$F_{NDE} = \frac{5}{6} F_P$

(c)解题思路同(a),$F_{NBE} = F_{NCF} = -1.33 F_P$

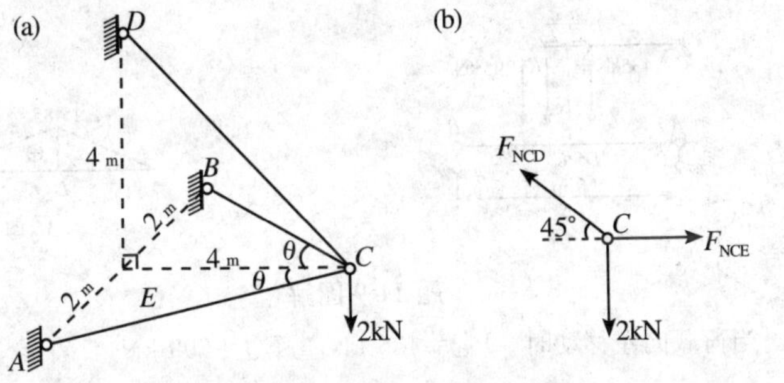

题 11-7 图解

11-8 解题过程 运用结点法容易求出在两种等效荷载作用下的桁架内力并标在图中,由于对称,只标出一半。比较二者可以看出,只有 ABC 这样六个小桁架的内力发生变化,DE 杆内力发生变化,其余内力保持不变,即当静定结构的一个内部几何不变部分上的荷载作等效变换时,其余部分的内力不变;显然题 11-8 图解(b)等效荷载部分结构的轴力比题 11-8 图解(a)小,受力合理。

(a)

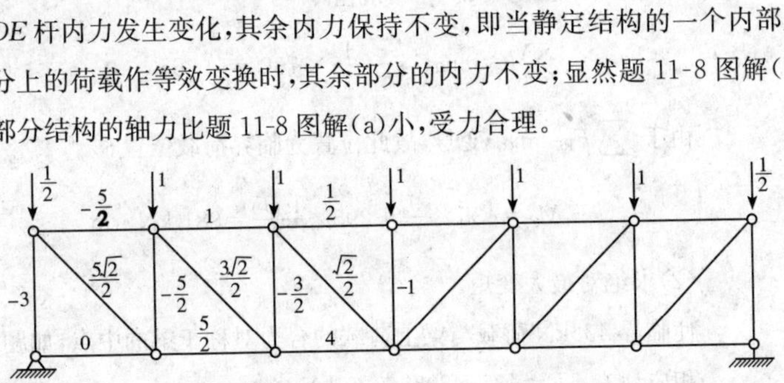

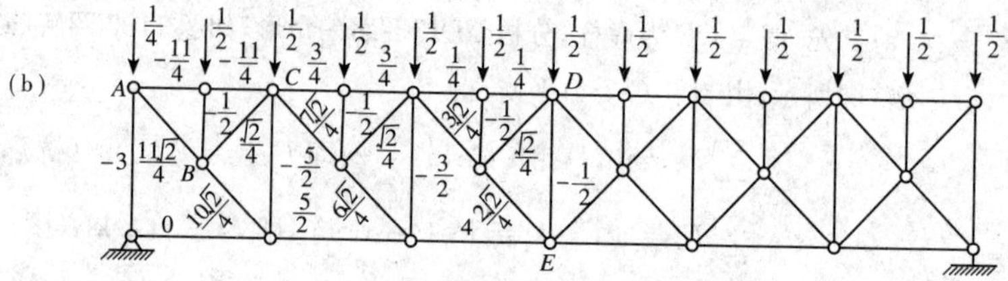

题 11-8 图解

11-9 解题过程 (1)首先要求使跨中截面 C 发生最大弯矩的临界荷载，M_C 的影响线如题 11-9 图解(b)所示。显然，只有当中间 435 kN 荷载置于影响线的最高点时，可以产生最大弯矩，所以荷载布置如题 11-9 图解(a)所示。

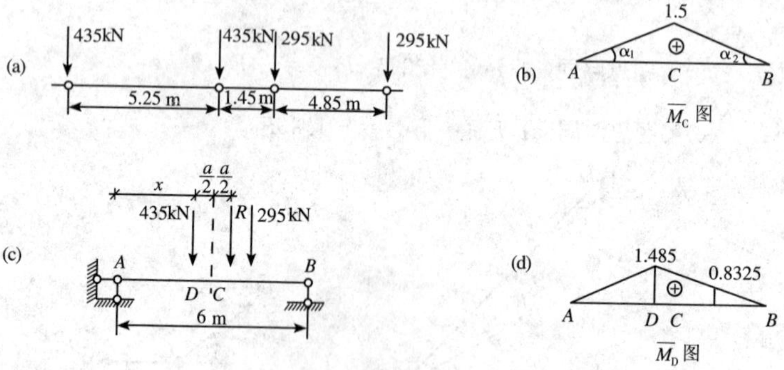

题 11-9 图解

当荷载向左移动时　$F_{R1}=435$ kN，　$F_{R2}=295$ kN

$$\sum F_{Ri}\operatorname{tg}\alpha_i = 435\times\frac{1}{2}-295\times\frac{1}{2}=70>0$$

当荷载向右移动时

$$F_{R1}=0, F_{R2}=730\ \text{kN}$$

$$\sum F_{Ri}\tan\alpha_i=-\frac{1}{2}\times730=-365<0$$

由于 $\sum F_{Ri}\tan\alpha_i$ 变号，故此位置为临界荷载位置。

$$M_C=435\times\frac{9}{6}+295\times\frac{1.55}{2}=881\ \text{kN}\cdot\text{m}$$

(2)求绝对最大变矩。

使临界 435kN 荷载与梁上荷载的合力对称于梁的中点，如题 11-9 图解(c)所示。

相应地有　$R=435+295=730$ kN

且由于　$R\cdot a=295\times1.45$

可得　$a=0.586$ m

所以 $x=\frac{1}{2}-\frac{a}{2}=2.7\ \text{m}$，其对应点 M_D 的影响线如题 11-9 图解(d)所示。

则 $$M_{\max}=435\times1.485+295\times0.8325=891.6\ \text{kN}\cdot\text{m}$$

11-10 解题过程 (1)首先求使跨中弯矩最大的临界荷载。显然，当 100 kN 荷载置于影响的最高点时，可以产生最大弯矩，如题 11-10 图解(a)所示。

$$\tan\alpha_1=\frac{1}{2},\ \tan\alpha_2=-\frac{1}{2}$$

当荷载向右移动时 $F_{R1}=50\ \text{kN},\ F_{R2}=100\ \text{kN}$

$$\Sigma F_{Ri}\tan\alpha_i=50\times\frac{1}{2}-100\times\frac{1}{2}=-25<0$$

当荷载向左移动时 $F_{R1}=150\ \text{kN},F_{R2}=0$

$$\Sigma F_{Ri}\tan\alpha_i=150\times\frac{1}{2}=75>0$$

由于 $\sum F_{Ri}\tan\alpha_i$ 变号，故此位置为临界荷载位置。

$$M_C=50\times1+100\times3=350\ \text{kN}\cdot\text{m}$$

(2)求绝对最大弯矩。

临界荷载和梁上合力对称布置梁中时，如题 11-10 图解(b)所示。

相应地有 $R=100+50=150\ \text{kN}$

$R\cdot a=50\times4$，可得 $a=\frac{200}{150}=1.333\ \text{m}$

所以 $$x=\frac{l-a}{2}=\frac{12-1.333}{2}=5.333\ \text{m}$$

此时，对应点 D 的影响线如题 11-10 图解(c)所示。

所以 $$M_{\max}=50\times1.184+100\times2.96=355.2\ \text{kN}\cdot\text{m}$$

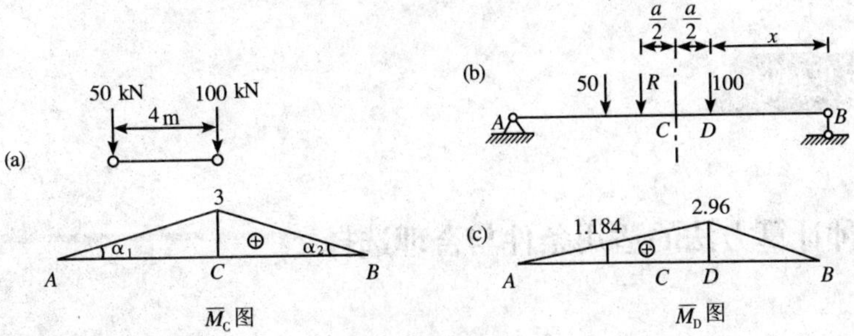

题 11-10 图解

第 12 章

超静定结构总论

本章知识要点概述

1. 了解结构计算方法选择的原则，对一般超静定结构计算问题能选择较简单的计算方法。
2. 了解几种常见方法的联合应用。
3. 熟悉超静定结构特性。
4. 初步了解混合法。

知识点归纳

一、各种计算方法的适用条件与合理选择

力法宜用于超静定桁架、超静定拱及结点位移多而超静定次数较少的刚架(图 12-1(a))；位移法宜用于结点位移少而超静定次数高的结构(图 12-1 (b))。这样可避免求解过多的联立方程。

力矩分配法适用于连续梁和无侧移刚架；无剪力分配法适用于有侧移杆都是剪力静定杆的刚架；剪力分配法适用于具有刚性横架(图 12-1(c))及柱顶线位移相等的排架(图 12-1(d))。

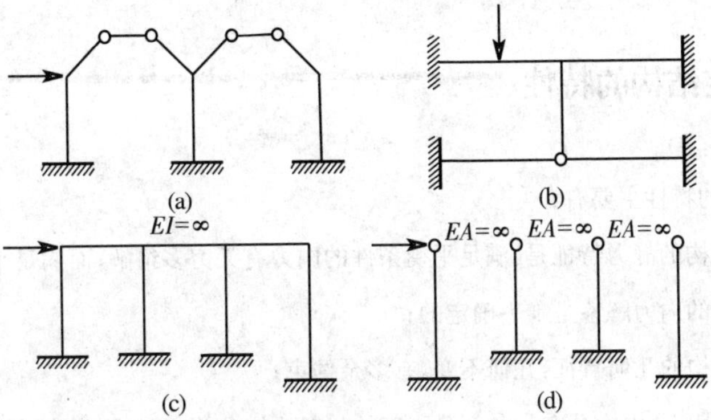

图 12-1

近似法用于多层多跨刚架。其中，竖向荷载作用下用分层计算法；水平荷载作用下，当$\frac{i_b}{i_c}\geqslant 3$时，用反弯点法。

二、广义基本结构、广义单元和子结构的应用

力法中可以选取超静定基本结构作为广义基本结构，位移法中可以选用复杂单元作为广义单元。

在结构分析中，将整个结构划分为几个子结构，分别确定每个子结构的刚度特性或柔度特性，最后把子结构综合起来进行整体分析。

三、分区混合法

1. 基本未知量

混合选用多余约束力和结点位移。

2. 基本体系

a 区去多余约束，b 区附加约束。

3. 基本方程

由变形协调条件和平衡条件混合组成矩阵其方程为 $\begin{bmatrix}\delta & \delta' \\ & \cdots & \\ k' & & k\end{bmatrix}\begin{bmatrix}X \\ \\ \Delta\end{bmatrix}+\begin{bmatrix}D_P \\ \\ F_P\end{bmatrix}=0$

四、超静定结构的特性

超静定结构的特性主要有:

(1)超静定结构的静力特征是:满足平衡条件的内力有无穷多组解;而满足平衡条件同时又满足变形条件的内力解答是唯一确定的;

(2)超静定结构的几何特征:几何不变,有多余约束;

(3)在荷载作用下,内力分布与各部分刚度的相对比值有关,而与刚度绝对值无关;

(4)在支座移动、温度变化、制作误差、材料收缩等非荷载因素作用下,超静定结构将产生自内力。

五、结构计算简图续论

结构计算简图的画法:

(1)将空间结构简化为平面结构;

(2)交叉体系的荷载传递方式及简化;

(3)将体系分解为基本部分和附属部分;

(4)忽略次要变形;

(5)离散化和连续化。

六、支座简图与弹性支承概念

当结构中某部分承受荷载时,可把这部分从结构中分割出来,看成一个具有弹性支座的结构,而把相邻部分看成弹性支座。结构中的相邻部分互为弹性支承,而且互相提供的弹性支承的强弱程度正好相反。当相邻部分刚度相差较大时,可按极限情况处理,以简化计算。

七、结点简图与次内力概念

计算中根据构造情况和结构的几何组成,将结点简化为铰结点和刚结点。

八、剪切变形对超静定结构的影响

1. 考虑剪切变形影响的单元刚度矩阵

$$\bar{k}_G^e=\left[\begin{array}{ccc:ccc}\frac{EA}{l} & 0 & 0 & -\frac{EA}{l} & 0 & 0\\ & \frac{12}{1+\beta}\frac{EI}{l^3} & \frac{6}{1+\beta}\frac{EI}{l^2} & 0 & -\frac{12}{1+\beta}\frac{EI}{l^3} & \frac{6}{1+\beta}\frac{EI}{l^2}\\ & & \frac{4+\beta}{1+\beta}\frac{EI}{l} & 0 & -\frac{6}{1+\beta}\frac{EI}{l^2} & \frac{2-\beta}{1+\beta}\frac{EI}{l}\\ \hdashline & & & \frac{EA}{l} & 0 & 0\\ & \text{对} & & & \frac{12}{1+\beta}\frac{EI}{l^3} & -\frac{6}{1+\beta}\frac{EI}{l^2}\\ & & \text{称} & & & \frac{4+\beta}{1+\beta}\frac{EI}{l}\end{array}\right]$$

2. 考虑剪切变形影响的单元固端力

刚度和柔度系数发生改变，详见教材 P84 表 12-1。

九、连续梁的最不利荷载分布及内力包络图

1. 最不利荷载分布

(1)支座截面最大负弯矩：支座两个相邻跨有活载，然后每隔一跨有活载。

(2)跨中截面最大正弯矩：本跨有活载，然后每隔一跨有活载。

2. 弯矩包络图

算得连续梁每个截面的最大弯矩和最小弯矩后，在图中将其竖标标出，并连成两条曲(折)线，这个图形称为弯矩包络图。

典型例题与解题技巧

例 1 如例 12-1 图(a)所示组合结构,由于制造误差,EF 杆缩短了 Δ,且该杆温度升高 t℃,试给出其弯矩图。

知识点窍 选取基本结构如例 12-1 图(b)所示,$X_1=1$ 作用时的单位弯矩图和各杆的轴力也示于该图中。

解题过程 力法方程为 $\delta_{11}X_1+\Delta_{1\Delta}+\Delta_{1t}=0$

其中 $\delta_{11}=\frac{1}{EI}\times2\times\frac{1}{2}\times4a\times3a\times\frac{2}{3}\times3a+\frac{1}{EI}\times3a\times4a\times3a+\frac{1}{EI}\times2\times5a\times$

$$\left(\frac{5}{4}\right)^2+\frac{1}{EA}\times2\times3a\times\left(-\frac{3}{4}\right)^2+\frac{1}{EA}\times1\times4a=\frac{60a^3}{EI}+\frac{184a}{8EA}$$

$\Delta_{1\Delta}=-\Delta,\Delta_{1t}=\alpha t\times4a$

代入力法方程后,解得 $X_1=\dfrac{\Delta-\alpha t\times4a}{\dfrac{60a^3}{EI}+\dfrac{184a}{8EA}}$

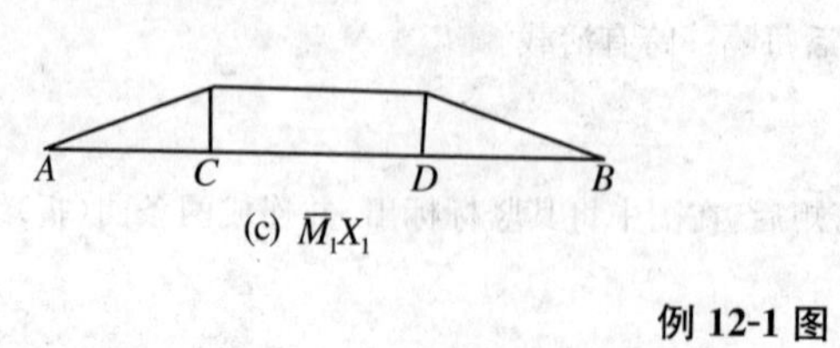

(a)

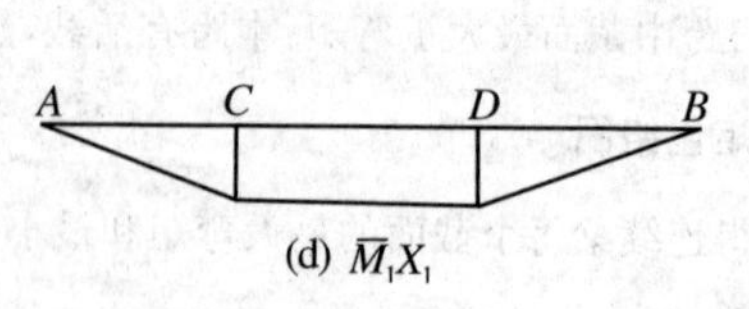

(b) $X_1=1$

(c) $\overline{M}_1X_1$

(d) $\overline{M}_1X_1$

例 12-1 图

注意 若 $\Delta > \alpha t \times 4a$，弯矩图形状如例 12-1 图(c)所示；若 $\Delta < \alpha t \times 4a$，弯矩图形状如例 12-1 图(d)所示。其中截面 C 与 D 的弯矩值为

$$M_C = M_D = \frac{3a(\Delta - \alpha t \times 4a)}{\dfrac{60a^3}{EI} + \dfrac{184a}{8EA}}$$

例 2 用力矩分配法与位移法联合分析例 12-2 图(a)所示刚架。

知识点窍 用力矩分配法与位移法联合解题，其原理与位移法相同，区别在于仅以结点线位移为基本未知量，如例 12-2 图(b)所示。

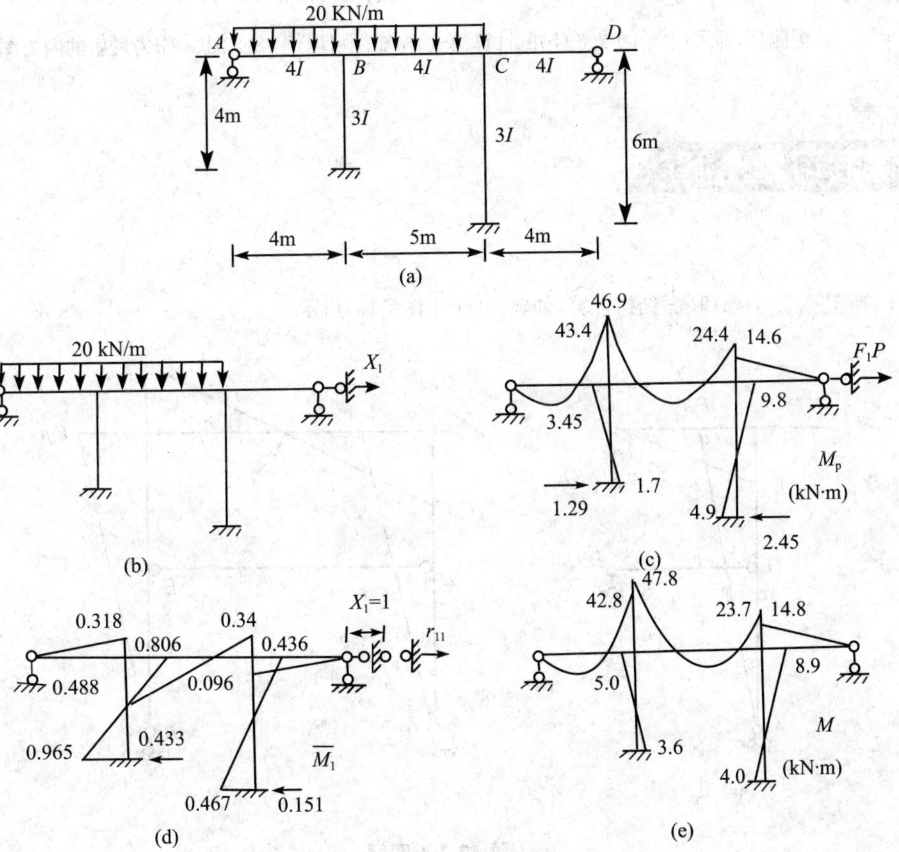

例 12-2 图

解题过程 位移法方程为 $r_{11}X_1 + F_{1P} = 0$

基本结构在荷载和单位线位移作用下的弯矩图、力矩分配法求解过程分别如例 12-2 图

(c)和例 12-2 图(d)所示。

例 12-2 图(a)由例 12-2 图(d)取整体为隔离体，$\sum X=0, r_{11}=0.594EI$

由例 12-2 图(c)，$\sum X=0, F_{1P}=1.16\text{kN}(\rightarrow)$

解位移方程，得 $X_1=-\dfrac{1.16}{0.594EI}=-\dfrac{1.95}{EI}$

由式 $M=\overline{M}_1X_1+M_P$，将例 12-2 图(d)扩大－1.95 倍与例 12-2 图(c)相叠加，得最后弯矩例 12-2 图(e)。

从例 12-2 图(c)及例 12-2 图(e)可以看出，在本例的情况下，弯矩图 M_P 与 M 二者的最大相对差值不超过 5%。因此，在实际工程中，为简便计算，在类似例 12-2 图(a)的情况下，可以不考虑侧移，即采用例 12-2 图(b)的计算模式，弯矩图可取例 12-2 图(c)作为最后的内力图。

课后习题全解

12-1 解题过程　(a)取$\frac{1}{2}$结构计算，如题 12-1-1 图解(a)所示。

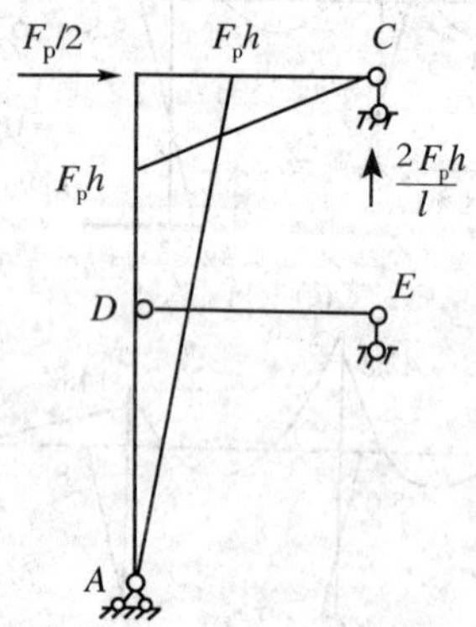

(a) $\frac{1}{2}$结构

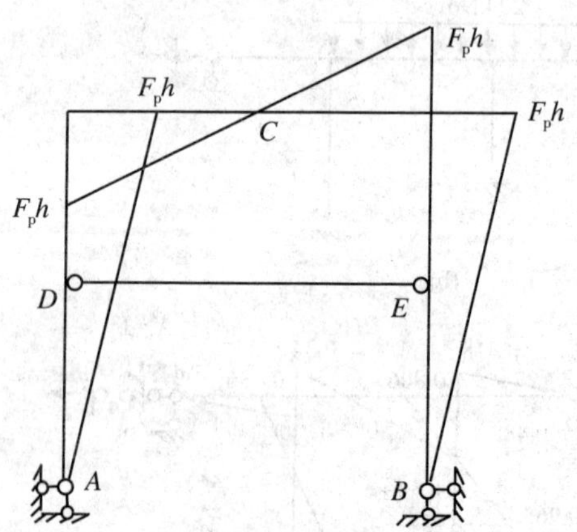

(b) M 图

题 12-1-1 图解

DE 为附属部分，内力为 0，基本体系为静定结构，可直接作 M 图，如题 12-1-1 图解(b)所示。

(b)取$\frac{1}{4}$结构，如题 12-1-2 图解(a)所示，采用力法计算。

由 $\overline{M}_1$ 图可得

$$\delta_{11}=\frac{1}{EI}\times(\frac{a}{2}\times1\times1+a\times1\times1)=\frac{3a}{2EI}$$

由 $\overline{M}_1$ 和 M_P 图可得

$$\Delta_{1P}=-\frac{1}{EI}\left[\frac{1}{2}\times\frac{a}{2}\times\frac{F_Pa}{4}\times1+\frac{1}{2}\times a\times(\frac{F_Pa}{2}+\frac{F_P}{4}a)\times1\right]$$

$$=-\frac{1}{EI}\times\frac{7}{16}F_Pa^2=-\frac{7}{16EI}F_Pa^2$$

由 $\delta_{11}X_1+\Delta_{1P}=0$ 可得

$$X_1=-\frac{\Delta_{1P}}{\delta_{11}}=\frac{7}{16}\times\frac{2}{3}\times F_Pa=\frac{7}{24}F_Pa=-\frac{7}{16EI}F_Pa^2$$

可得 M 图，如题 12-1-2 图解(d)所示。

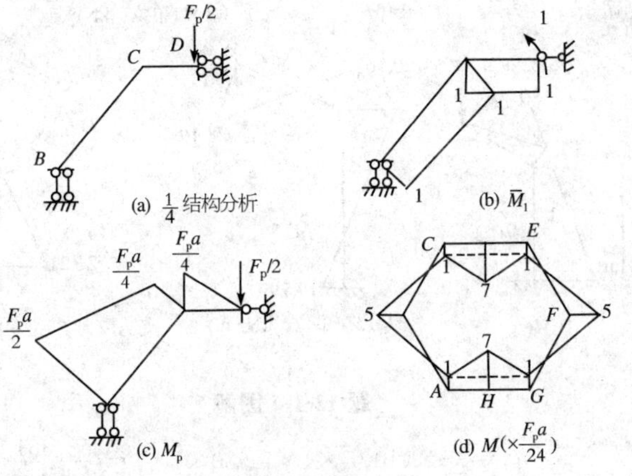

题 12-1-2 图解

(c)将荷载分为如题 12-1-3 图解(a)、(b)所示的正对称与反对称结构。

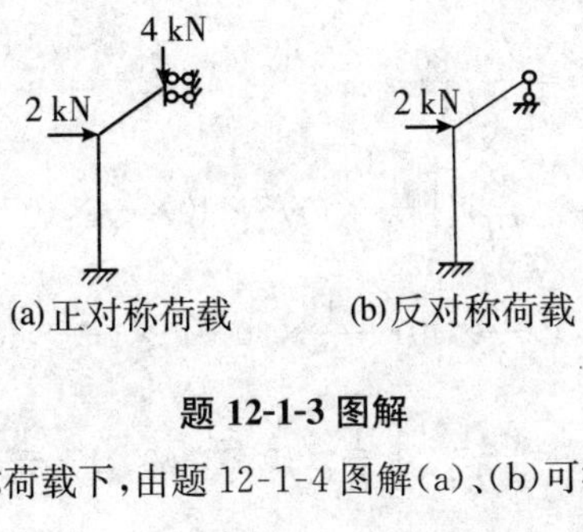

题 12-1-3 图解

(1)在反对称荷载下，由题 12-1-4 图解(a)、(b)可得

$$\delta_{11}=\frac{1}{EI}\times\frac{1}{2}\times10\sqrt{5}\times20\times\frac{2}{3}\times20+\frac{1}{EI}\times30\times20\times20$$

$$=\frac{14\ 981.424}{EI}$$

$$\Delta_{1P}=-\frac{1}{EI}\times\frac{1}{2}\times30\times60\times20=-\frac{18\ 000}{EI}$$

$$X_1=-\frac{\Delta_{1P}}{\delta_{11}}=1.20\ \text{kN}$$

(2)在对称荷载下，由题 12-1-4 图解(d)、(e)、(f) 可得

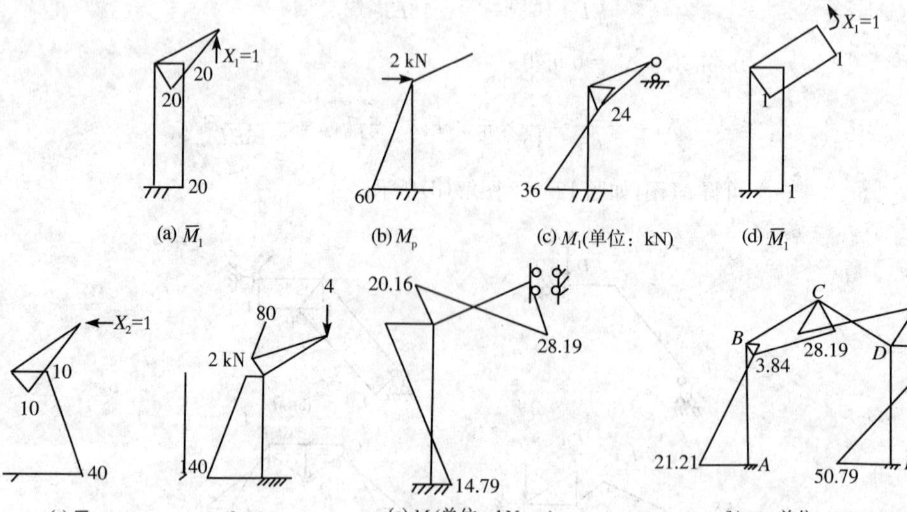

(a) $\overline{M}_1$　(b) M_P　(c) M_1(单位：kN)　(d) $\overline{M}_1$

(e) $\overline{M}_2$　(f) M_P　(g) M_2(单位：kN·m)　(h) M_2(单位：kN·m)

题 12-1-4 图解

$$\delta_{11}=\frac{1}{EI}\times(10\sqrt{5}\times1\times1+30\times1\times1)=\frac{52.361}{EI}$$

$$\delta_{12}=\delta_{21}=\frac{1}{EI}\times\left[\frac{1}{2}\times10\sqrt{5}\times10\times1+\frac{30}{2}\times(10+40)\times1\right]$$

$$=\frac{861.803}{EI}$$

$$\delta_{22}=\frac{1}{EI}\times\left[\frac{1}{2}\times10\sqrt{5}\times10\times\frac{2}{3}\times10+\frac{1}{2}\times30\times10\times\left(\frac{2}{3}\times10+\frac{1}{3}\times40\right)+\frac{1}{2}\times30\times40\times\left(\frac{2}{3}\times40+\frac{1}{3}\times10\right)\right]=\frac{21\ 745.36}{EI}$$

$$\delta_{1P}=-\frac{1}{EI}\times\left[\frac{1}{2}\times10\sqrt{5}\times80\times1+\frac{1}{2}\times30\times(80+140)\times1\right]$$

$$=-\frac{4\ 194.427}{EI}$$

$$\delta_{2P}=-\frac{1}{EI}\times\left[\frac{1}{2}\times10\sqrt{5}\times80\times\frac{2}{3}\times10+\frac{1}{2}\times30\times80\times\right.$$

$$\left.\left(\frac{2}{3}\times10+\frac{1}{3}\times40\right)+\frac{1}{2}\times30\times140\times\left(\frac{2}{3}\times40+\frac{1}{3}\times10\right)\right]$$

$$=-\frac{92\ 962.85}{EI}$$

$$\text{由}\begin{cases}52.361X_1+861.803X_2=4194.427\\861.803+21\ 745.36X_2=92\ 962.85\end{cases}$$

$$\text{得}\quad\begin{cases}X_1=28.19\\X_2=3.165\end{cases}$$

从而可得正对称下的 M_2 图，如题 12-1-4 图解(g)所示。

由题 12-1-4 图解(c)、(g)叠加可得最后 M 图，如题 12-1-4 图解(h)所示。

(d)利用对称性可知 AF 杆中点没有转角，没有水平位移，不考虑其位移的竖向分量，从而可以简化为固定端，从而取题 12-1-5 图解(a)中的$\frac{1}{2}$结构计算。在计算位移时还要注意 CG 杆为曲杆应采用积分，并建立如题 12-1-5 图解(a)中的基本体系。

(1)取$\frac{1}{2}$结构计算，如题 12-1-5 图解(a)所示，取题 12-1-5 图解(b)中的基本体系。

对于圆弧 $M_1=1, M_2=y=R(1-\cos\theta), \mathrm{d}s\cos\theta=\mathrm{d}x, \mathrm{d}s=R\mathrm{d}\theta$

(2)求系数和自由项(c 为圆弧记号)。

$$\delta_{11}=\frac{1}{EI}\times\int_c\overline{M}_1{}^2\mathrm{d}s+\frac{1}{EI}\times(5\times1\times1+15\times1\times1+20\times1\times1)$$

$$=\frac{1}{EI}\times\int_0^{\frac{\pi}{2}}R\mathrm{d}\theta+\frac{40}{EI}=\frac{1}{EI}\times\left(\frac{\pi}{2}R+40\right)=\frac{63.56}{EI}$$

$$EI\delta_{12}=EI\delta_{21}$$

$$=\int_c\overline{M}_1\overline{M}_2\mathrm{d}s+5\times1\times15+\frac{1}{2}\times15\times(15+30)$$

$$\times1+20\times1\times30$$

$$= 1\ 012.5 + \int_0^{\frac{\pi}{2}} 1 \times R(1-\cos\theta)R\mathrm{d}\theta$$

$$= 1\ 012.5 + 15^2 \times \left(\frac{\pi}{2} - 1\right) = 1\ 140.93$$

$$EI\delta_{22} = \int_c \overline{M}_2^2 \mathrm{d}s + 5 \times 15 \times 15 + \frac{1}{2} \times 15 \times 15 \times \left(\frac{2}{3} \times 15 + \frac{1}{3} \times 30\right)$$

$$+ \frac{1}{2} \times 15 \times 30 \times (\frac{2}{3} \times 30 + \frac{1}{3} \times 15) + 20 \times 30 \times 30$$

$$= 27\ 000 + \int_0^{\frac{\pi}{2}} R^3 (1-\cos\theta)^2 \mathrm{d}\theta$$

$$= 27\ 000 + 15^3 \times (\frac{3\pi}{4} - 2) = 28\ 202.16$$

$$\delta_{1P} = \frac{1}{EI} \times \left[\frac{1}{2} \times 20 \times 400 \times 1 - \frac{1}{3} \times 20 \times 200 \times 1\right] = \frac{2\ 666.67}{EI}$$

$$\delta_{2P} = 30\Delta_{1P} = \frac{80\ 000}{EI}$$

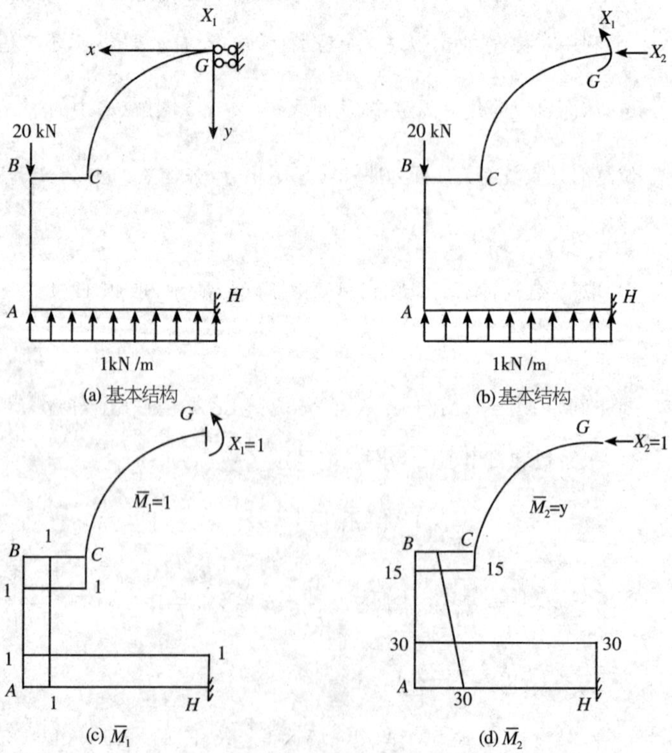

题 12-1-5 图解

(3)解方程组$\begin{cases}63.56X_1+1\,140.93X_2+2\,666.67=0\\1\,140.93X_1+28\,202.16X_2+80\,000=0\end{cases}$

得 $\begin{cases}X_1=32.74\ \text{kN}\cdot\text{m}\\X_2=-4.16\ \text{kN}\end{cases}$

$$M_{AH}=-30\times4.16+32.74=-92.06\ \text{kN}\cdot\text{m}(外部受拉)$$

$$M_{BC}=15\times(-4.16)+32.74=-29.66\ \text{kN}\cdot\text{m}(外部受拉)$$

$$M_{CG}=M_{BC}=-29.66\ \text{kN}\cdot\text{m}(外部受拉)$$

(4)作 M 图,如题 12-1-6 图解(b)所示。

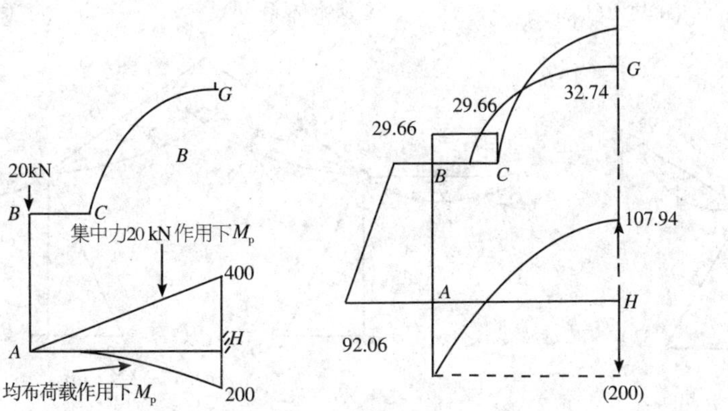

(a) M_p　　(b) M(kN·m)

题 12-1-6 图解

(e)CD 杆、GF 杆为附属部分,属于静定问题,利用对称性取题 12-1-7 图解(b)中力法基本体系。

由题 12-1-7 图解(c)、(d)可得

$$\delta_{11}=\frac{1}{EI}\times\frac{1}{2}\times5\times1\times\frac{2}{3}\times1+\frac{1}{2EI}\times\frac{1}{2}\times4\times\frac{4}{3}\times\frac{2}{3}\times\frac{4}{3}=\frac{77}{27EI}$$

$$\delta_{1P}=\frac{1}{EI}\times\frac{2}{3}\times5\times20\times\frac{1}{2}\times1+\frac{1}{2EI}\times\frac{1}{2}\times4\times\frac{320}{3}\times\frac{2}{3}\times\frac{4}{3}$$

$$=\frac{-1\,660}{27EI}$$

由 $\delta_{11}X_1+\Delta_{1P}=0$ 可得

$$X_1=-\frac{\Delta_{1P}}{\delta_{11}}=\frac{1660}{77}=21.56\ \text{kN}\cdot\text{m}$$

$$M_A=\frac{320}{3}-\frac{4}{3}\times 21.56=77.9\ \text{kN}\cdot\text{m}(\text{右边受拉})$$

从而可作 M 图，如题 12-1-7 图解所示。

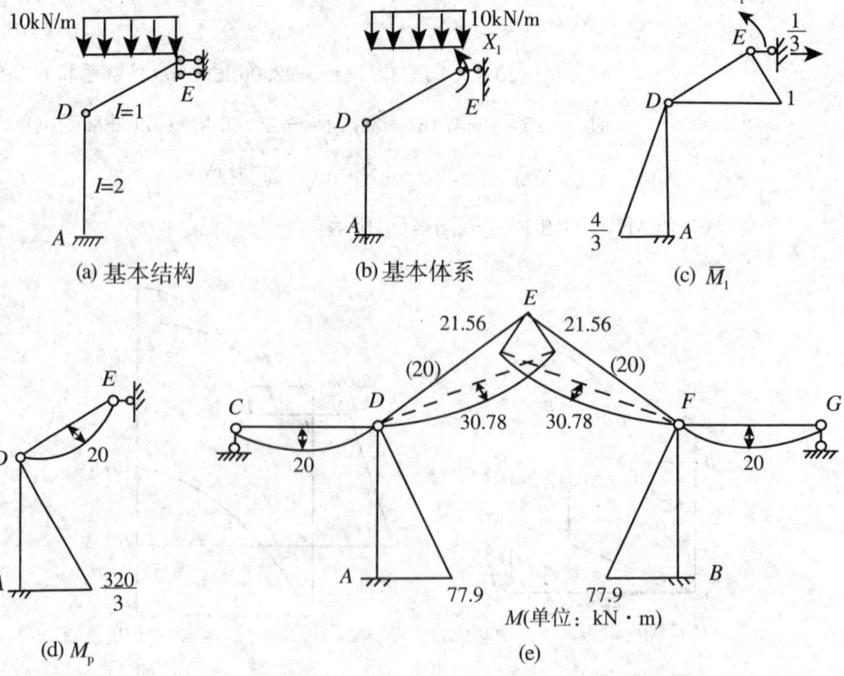

题 12-1-7 图解

12-2 略。

12-3 解题过程 (a)(1)要考虑轴向变形影响，采用力法求解，基本体系如题 12-3-1 图解(a)所示，并作相应的 M_P、$\overline{M}_1$、$\overline{M}_2$、$\overline{M}_3$、$\overline{F}_{N1}$、$\overline{F}_{N2}$ 图，如题 12-3-1 图解(b)、(c)、(d)、(e)、(g)、(f)所示。

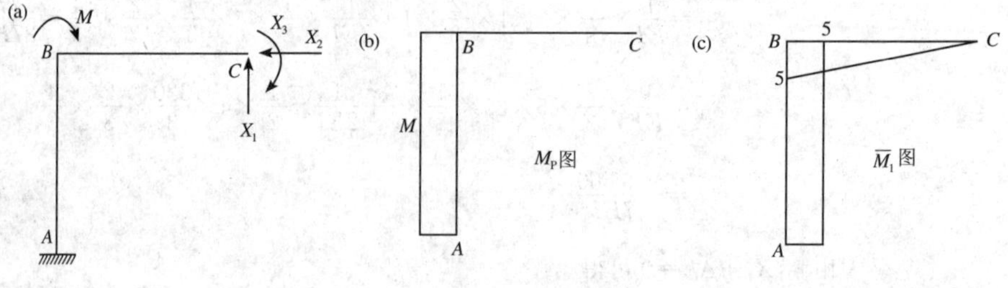

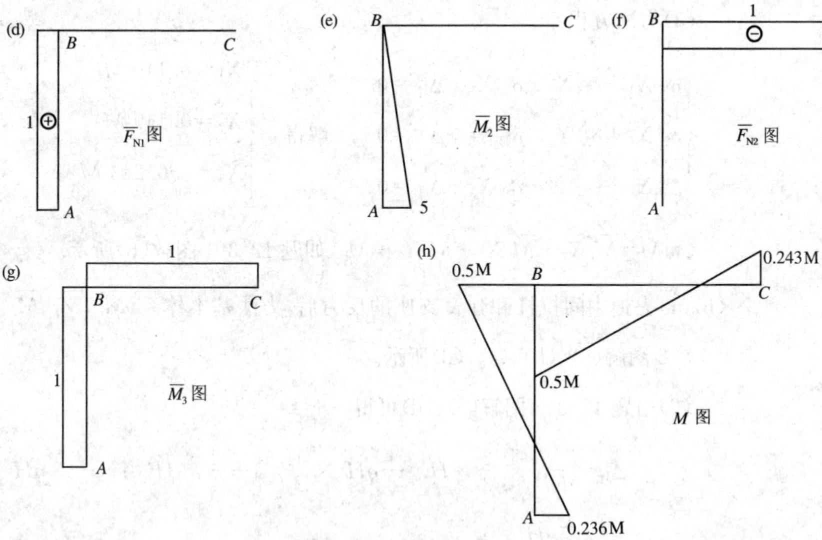

题 12-3-1 图解

(2)求系数和自由项。

$$\Delta_{1P}=\frac{-1}{EI}(5M\times 5)=-\frac{25M}{EI}$$

$$\Delta_{2P}=-\frac{1}{EI}(\frac{1}{2}\times 5\times 5\times M)=-\frac{12.5M}{EI}$$

$$\Delta_{3P}=\frac{5M}{EI}$$

$$\delta_{11}=\frac{1}{EI}\left(5\times 5\times 5+\frac{1}{2}\times 5\times 5\times 5\times\frac{2}{3}\right)+\frac{1}{EA}(1\times 5)$$

$$=\frac{166.67}{EI}+\frac{5}{EA}=\frac{167.08}{EI}$$

$$\delta_{22}=\frac{1}{EI}\left(\frac{1}{2}\times 5\times 5\times 5\times\frac{2}{3}\right)+\frac{1}{EA}(1\times 5)=\frac{41.67}{EI}+\frac{5}{EA}=\frac{42.08}{EI}$$

$$\delta_{33}=\frac{1}{EI}(2\times 1\times 5)=\frac{10}{EI}$$

$$\delta_{12}=\delta_{21}=\frac{1}{EI}\left(\frac{1}{2}\times 5\times 5\times 5\right)=\frac{62.5}{EI}$$

$$\delta_{13}=\delta_{31}=-\frac{1}{EI}\left(5\times 5\times 1+\frac{1}{2}\times 5\times 5\times 1\right)=\frac{-37.5}{EI}$$

$$\delta_{23}=\delta_{32}=-\frac{1}{EI}\left(\frac{1}{2}\times 5\times 5\times 1\right)=\frac{-12.5}{EI}$$

(3)力法方程。

$$\begin{cases}\delta_{11}X_1+\delta_{12}X_2+\delta_{13}X_3+\Delta_{1P}=0\\ \delta_{21}X_1+\delta_{22}X_2+\delta_{23}X_3+\Delta_{2P}=0\\ \delta_{31}X_1+\delta_{32}X_2+\delta_{33}X_3+\Delta_{3P}=0\end{cases}\quad 解得\quad \begin{cases}X_1=0.149\ M\\ X_2=0.149\ M\\ X_3=-0.243\ M\end{cases}$$

(4)$M=\overline{M}_1X_1+\overline{M}_2X_2+\overline{M}_3X_3+M_P$，如题 12-3-1 图解(h)所示。

(b)(1)去掉中间拉杆和弹簧支座的反力后，力法基本体系、M_P、$\overline{M}_1$、$\overline{M}_2$ 如题 12-3-2 图解(a)、(b)、(c)、(d)所示。

(2)由题 12-3-2 图解(c)、(d)可得

$$\Delta_{1p}=\frac{1}{EI}\times\left[\frac{2}{3}\times H\times\frac{1}{8}qH^2\times\frac{1}{2}\times1+\frac{1}{2}\times H\times1\times\frac{2}{3}\times qH^2\right]$$

$$=\frac{5qH^3}{24EI}$$

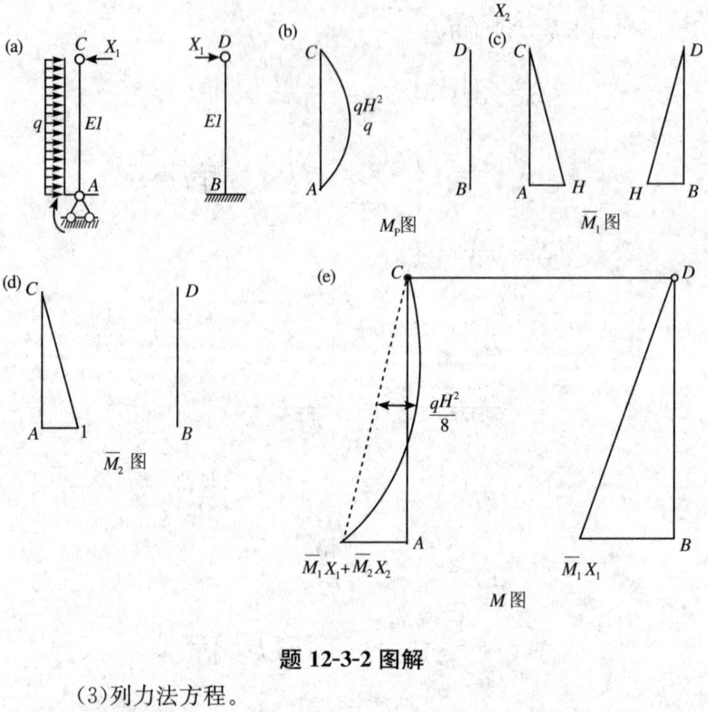

题 12-3-2 图解

(3)列力法方程。

$$\delta_{11}X_1+\Delta_{1P}=-fX_1$$

解得 $X_1=-\frac{5qH^3}{24EI}/\left(\frac{2H}{3EI}+f_1\right)=-\frac{5}{24}qH^2\times\frac{\frac{1}{EI}}{\frac{2}{3EI}+f/H}$

$$M_{BP}=\frac{qH^2}{2}-\frac{5}{24}qH^2\times\frac{\frac{1}{EI}}{\frac{2}{3EI}+\frac{f}{H}}=\frac{qH^2}{8}\frac{\frac{1}{EI}+\frac{4f}{H}}{\frac{2}{3EI}+\frac{f}{H}}$$

$$M_1=\frac{5}{24}qH^2\times\frac{\frac{1}{EI}}{\frac{2}{3EI}+\frac{f}{H}},M_2=\frac{qH^2}{8}\times\frac{\frac{1}{EI}+\frac{4f}{H}}{\frac{2}{3EI}+\frac{f}{H}}$$

$$M_{AC}=X_1=-\frac{5}{24}qH^2\times\frac{\frac{1}{EI}}{\frac{2}{3EI}+\frac{f}{H}}$$

12-4 解题过程 参见习题第八章中8-18。

12-5 解题过程 首先可求其支反力，如题12-5图解(a)所示，$F_{yA}=F_{yF}=200$ kN，且图示对称结构可分解为正对称和反对称荷载作用，正对称对弯矩没有影响。现求反对称荷载作用下的弯矩，如题12-5图解(b)所示，并取其$\frac{1}{4}$结构，如题12-5图解(c)所示，采用无剪力分配法求解。

(1)求分配系数。

$S_{A'A''}=18$	$S_{B'A'}=3$	$S_{C'B'}=3$
$S_{A'B'}=3$	$S_{B'C'}=3$	$S_{C'C}=6$
	$S_{B'B''}=12$	$S_{C'C''}=6$
$u_{A'B'}=0.143$	$u_{B'A'}=0.167$	$u_{C'B'}=0.2$
$u_{A'A''}=0.857$	$u_{B'C'}=0.167$	$u_{C'G}=0.4$
	$u_{B'B''}=0.667$	$u_{C'C''}=0.4$

(2)求固端弯矩。

$$M_{A'B'}=M_{B'A'}=-\frac{1}{2}\cdot 80\cdot 4=-160\ \text{kN}\cdot\text{m}$$

$$M_{B'C'}=M_{C'B'}=-\frac{1}{2}\cdot 40\cdot 4=-80\ \text{kN}\cdot\text{m}$$

$$M_{C'C}=M_{CC'}=0$$

(3)弯矩分配过程如题 12-5 图解(d)所示。

(4)弯矩图 M 如题 12-5 图解(e)所示。

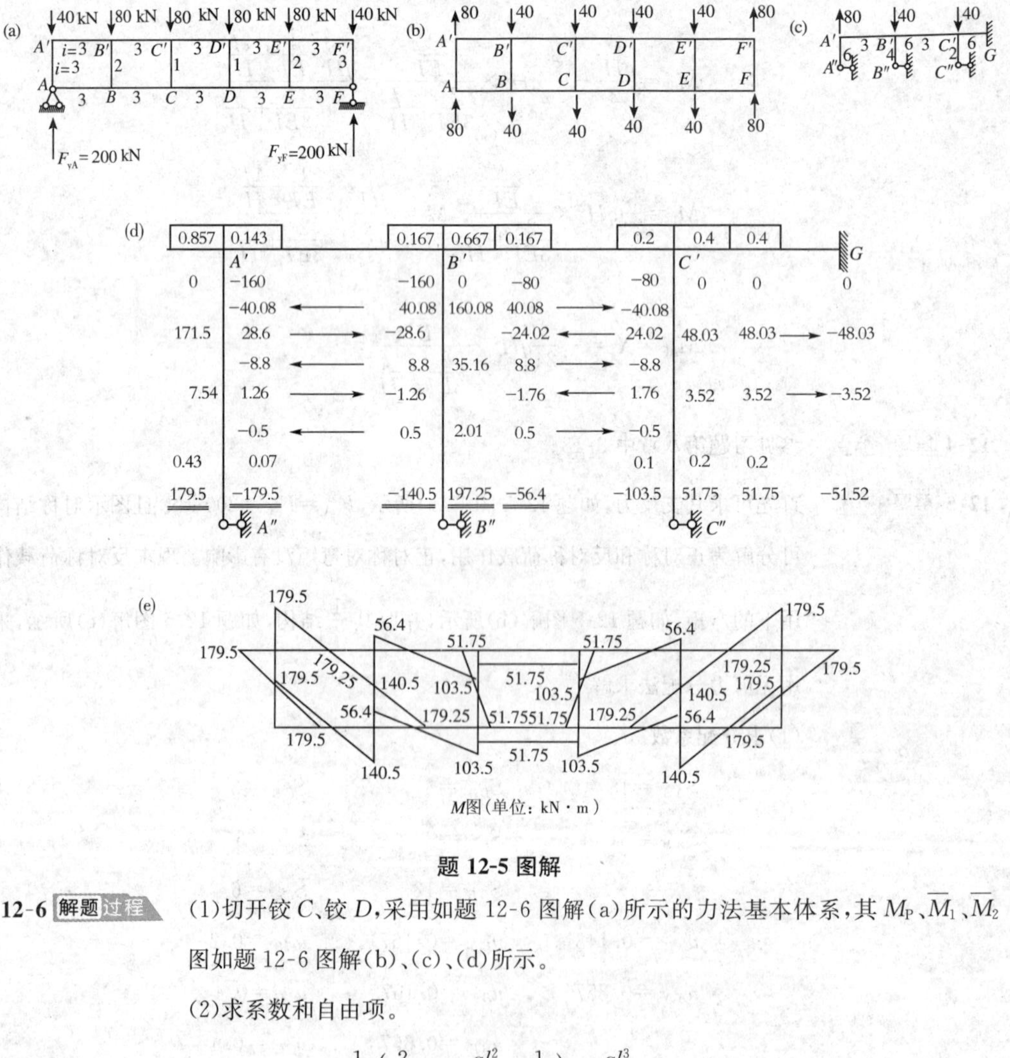

题 12-5 图解

12-6 解题过程 (1)切开铰 C、铰 D，采用如题 12-6 图解(a)所示的力法基本体系，其 M_P、$\overline{M}_1$、$\overline{M}_2$ 图如题 12-6 图解(b)、(c)、(d)所示。

(2)求系数和自由项。

$$\Delta_{1P}=\frac{1}{EI}\left(\frac{2}{3}\cdot l\cdot\frac{ql^2}{8}\cdot\frac{1}{2}\right)=\frac{ql^3}{24EI}$$

$$\Delta_{2P}=\Delta_{1P}=\frac{ql^3}{24EI}$$

$$\delta_{11}=\frac{1}{EI}\left(\frac{1}{2}\cdot\frac{1}{4}\cdot l\cdot\frac{1}{4}\cdot\frac{2}{3}+\frac{1}{2}\cdot\frac{1}{4}\cdot\frac{l}{5}\cdot\frac{1}{4}\cdot\frac{2}{3}+\frac{1}{2}\cdot 1\cdot\frac{4}{5}l\cdot 1\cdot\frac{2}{3}+\frac{1}{2}\cdot 1\cdot l\cdot 1\cdot\frac{2}{3}\right)=\frac{5l}{8EI}$$

$$\delta_{22}=\delta_{11}=\frac{5l}{8EI}$$

$$\delta_{12}=\delta_{21}=\frac{1}{EI}\left(\frac{1}{2}\cdot 1\cdot l\cdot 1\cdot\frac{2}{3}\right)=\frac{l}{3EI}$$

(3)力法方程。

$$\delta_{11}X_1+\delta_{12}X_2+\Delta_{1P}=0 \qquad 则\quad X_1=-0.0435ql^2$$

$$\delta_{21}X_1+\delta_{22}X_2+\Delta_{2P}=0 \qquad\qquad X_2=-0.0435ql^2$$

(4)弯矩图 M 如题 12-6 图解(e)所示。

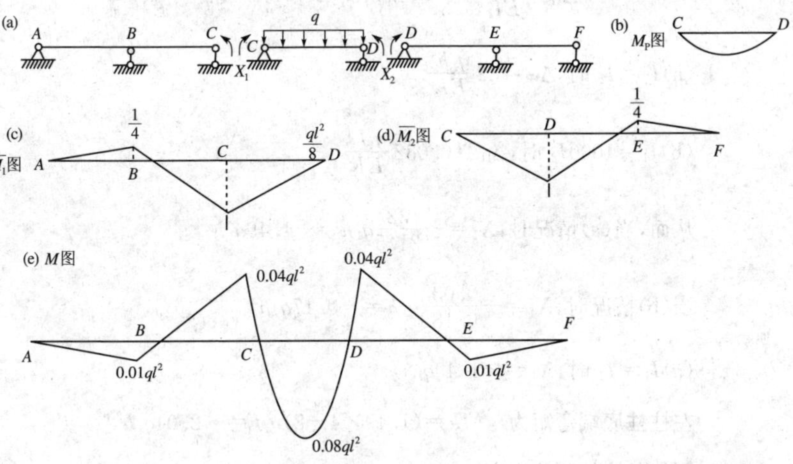

题 12-6 图解

12-7 解题过程 由题 12-7 图解(a)可知

(1)在 $X_1=1$ 下,刚架柱上的下端弯矩匀为$\frac{h}{4}$。

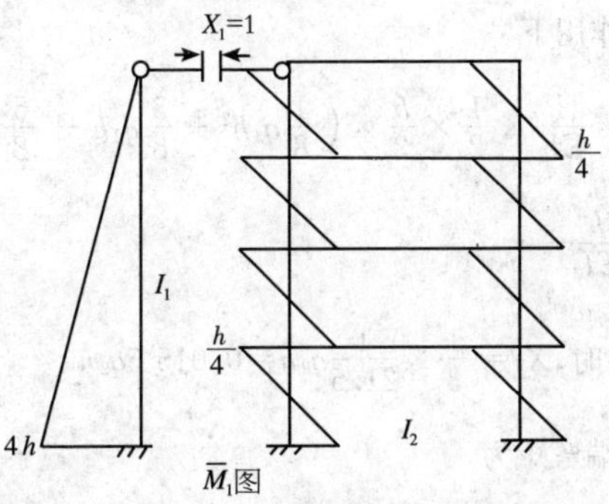

(a)

题 12-7 图解

$$\delta_{11}=\frac{1}{EI_2}\times\frac{1}{2}\times\frac{h}{2}\times\frac{h}{4}\times\frac{2}{3}\times\frac{h}{4}\times 16+\frac{1}{EI_1}\times\frac{1}{2}\times 4h\times 4h\times\frac{2}{3}\times 4h$$

$$=\frac{h^3}{6EI_2}+\frac{64h^3}{3EI_1}$$

(a) $I_1=I_2$ 时，$\delta_{11}=21.5h^3/EI_2$

(b) $I_1=1\,000\ I_2$ 时，$\delta_{11}=0.188h^3/EI_2$

在 q_1 作用下

$$\Delta_{1P}=\frac{1}{EI_1}\times\frac{1}{3}\times 4h\times 8q_1h^2\times\frac{3}{4}\times 4h=\frac{32q_1h^4}{EI_1}$$

(a) $I_1=I_2$ 时，$\Delta_{1P}=32\,\frac{q_1h^4}{EI_2}$

(b) $I_1=1000I_2$ 时，$\Delta_{1P}=0.032\,\frac{q_1h^4}{EI_2}$

从而，当(a)情况时，$X_1=-\frac{32}{21.5}q_1h=-1.49q_1h$

当(b)情况时，$X_1=-\frac{0.032}{0.188}q_1h=-0.17q_1h$

(a) $I_1=I_2$ 时，$X_1=-1.49q_1h$

左柱柱底端弯矩为　$M_{左}^{l}=(1.49\times 4-8)q_1h=-2.04q_1h^2$

刚架各层柱顶柱底弯矩都为$-0.373q_1h^2$

(b) $I_1=1000I_2$ 时，$X_1=-0.17q_1h$

左柱柱底端弯矩为　$M_{左}^{l}=-7.32q_1h^2$

刚架各层柱顶，柱底弯矩都为 $0.042\,5q_1h^2$

(3)在 q_2 作用下

$$\Delta_{2P}=-4\times\frac{1}{EI_2}\times\frac{1}{2}\times\frac{h}{2}\times\left(\frac{1}{8}q_2h^2+\frac{3}{8}q_2h^2+\frac{5}{8}q_2h^2+\frac{7}{8}q_2h^2\right)\times\frac{2}{3}\times\frac{h}{4}$$

$$=-\frac{q_2h^4}{3EI_2}$$

(a) $I_1=I_2$ 时，$X_1=\frac{1}{3}\times\frac{1}{21.5}q_2h=0.015\,5q_2h$

左柱柱底端弯矩为

$$M_{左}^{l}=-0.062q_2h^2$$

由 $\overline{M}_1\times X_1+M_P^l$ 可得刚架内力。

(b) $I_1=1000I_2$ 时，$X_1=1.773q_2h$。

左柱柱底端弯矩为

$$M_{左}^{1}=-7.092q_2h^2$$

由 $\overline{M}_1\times X_1+M_P^2$ 可得刚架内力。

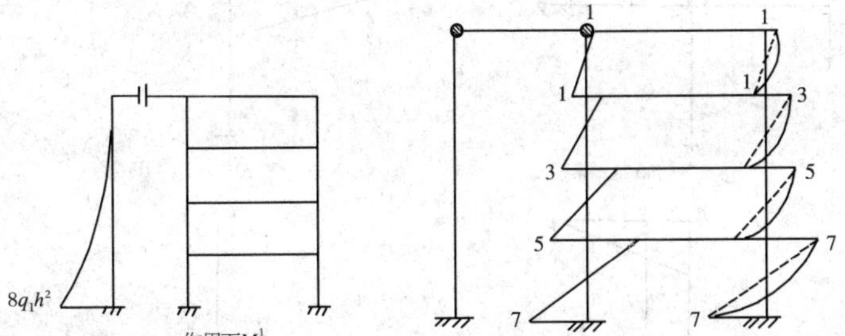

q_1 作用下M_P^1

(b)

q_2 作用下M_P^2

(c)

题 12-7 图解

12-8 解题过程 (a)在 F_P 单独作用下，取刚性链杆轴力为基本未知量，采用力法计算，在 $X_1=1$ 作用下，右边刚架分析可采用力矩分配法。或者先分析右边刚架在 B 点处有单位水平位移时，所需要施加的水平力 F_B，即侧移，而后按剪力分配法求左右子结构所承担的剪力，从而可以分析内力。

(b)在 q_1 单独下，得$\dfrac{q_1H}{2}$加到 A 点等效为 A 点处集中，分析同(a)，得到 F_{QAC}，从此可以分析结构。

(c)同理(b)。

(d)由(a)、(b)、(c)所作结果叠加即可。

12-9 略。

12-10 解题过程 (a)直接按题中图(b)计算，未知量较多，分析子结构时运算量大。

(b)忽略了桁架的下沉位移，计算方便，但是有一定误差。

(c)考虑了桁架的下沉位移，计算工作量大，计算结果精确。

12-11 **解题过程** (1)取题 12-11 图解(a)中的基本体系。

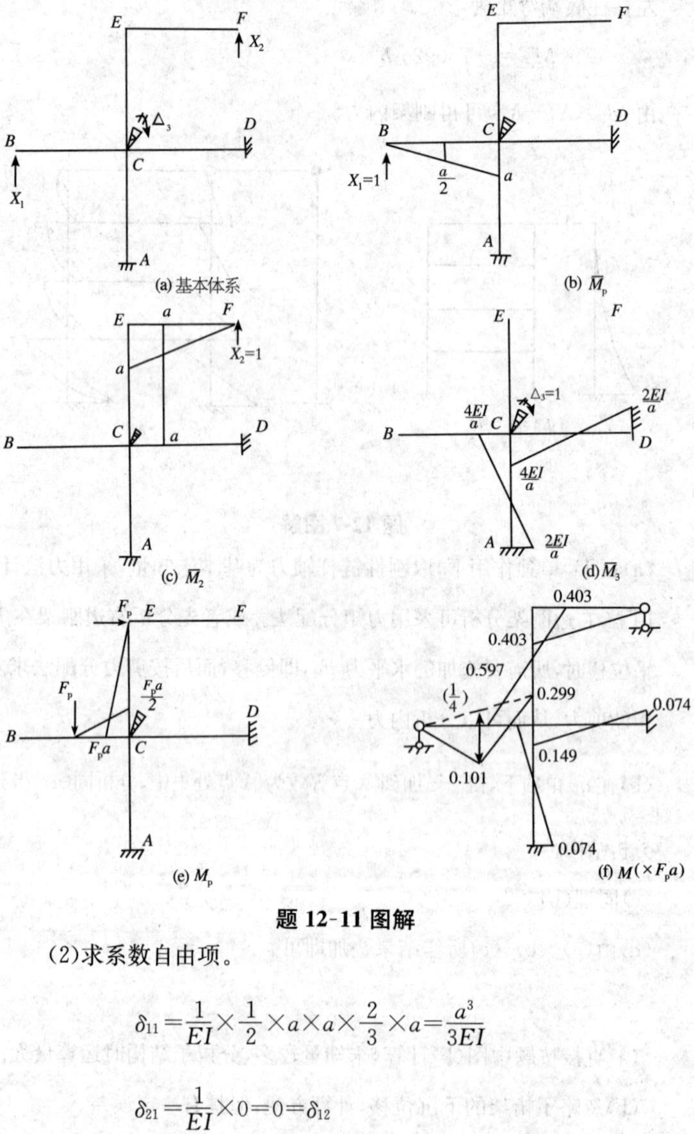

题 12-11 图解

(2)求系数自由项。

$$\delta_{11}=\frac{1}{EI}\times\frac{1}{2}\times a\times a\times\frac{2}{3}\times a=\frac{a^3}{3EI}$$

$$\delta_{21}=\frac{1}{EI}\times 0=0=\delta_{12}$$

$$k'_{31}=-a$$

$$\delta_{22}=\frac{1}{EI}\times\left(\frac{1}{2}\times a\times a\times\frac{2}{3}a+a\times a\times a\right)$$

$$=\frac{4a^3}{3EI}$$

$$\Delta_{1P}=-\frac{1}{EI}\times\frac{1}{2}\times\frac{a}{2}\times\frac{F_Pa}{2}\times(\frac{1}{3}\times\frac{a}{2}+\frac{2}{3}\times a)=-\frac{5F_Pa^3}{48EI}$$

$$k_{33}=8\frac{EI}{a},\delta'_{23}=-a,\delta'_{13}=a$$

$$\Delta_{2P}=-\frac{1}{EI}\times\frac{1}{2}\times a\times F_Pa\times a=-\frac{F_Pa^3}{2EI}$$

$$F_{3P}=-\frac{F_Pa}{2}$$

(3)解方程组
$$\begin{cases}\frac{a^3}{3EI}X_1+a\Delta_3=\frac{5}{48}\frac{F_Pa^3}{EI}\\ \frac{4a^3}{3EI}X_2-a\Delta_3=\frac{F_Pa^3}{2EI}\\ -aX_1+aX_2+\frac{8EI}{a}\Delta_3=\frac{F_Pa}{2}\end{cases}$$

$$\begin{cases}X_1=0.200\ 8\ F_P\\ X_2=0.402\ 9\ F_P\\ \Delta_3=0.037\ 2\ F_Pa^2/EI\end{cases}$$

从而可得 M 图，如题 12-11 图解(f)所示。

12-12 解题过程 (a)由题 12-12-1 图解(a)、(b)可得

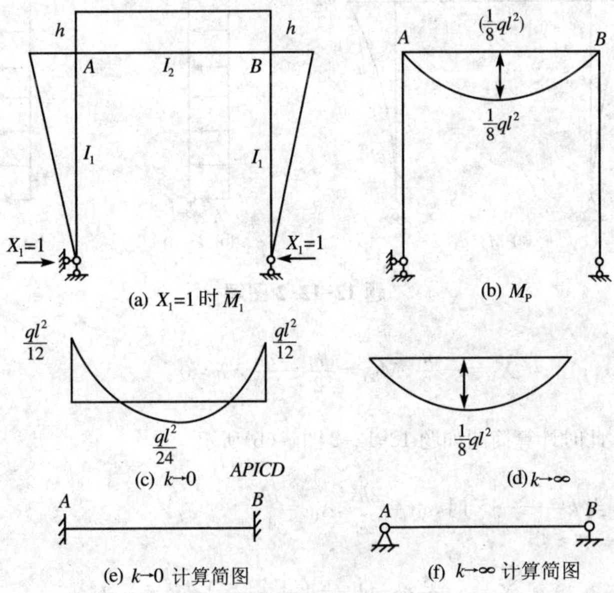

题 12-12-1 图解

$$\delta_{11}=2\frac{1}{EI_1}\times\frac{1}{2}\times h\times h\times\frac{2}{3}\times h+\frac{1}{EI_2}\times l\times h\times h$$

$$=\frac{2h^3}{3EI_1}+\frac{h^2l}{EI_2}=\frac{2h^2}{3i_1}+\frac{h^2}{i_2}=\frac{1}{i_1}\left(\frac{2h^2}{3}+\frac{h^2}{k}\right)$$

$$\Delta_{1P}=-\frac{1}{EI_2}\times\frac{2}{3}\times l\times\frac{1}{8}ql^2\times h=-\frac{ql^3h}{12EI_2}=-\frac{ql^2h}{12i_2}=-\frac{1}{i_1}\times\frac{ql^2h}{12k}$$

当 $k\to0$ 时，$\delta_{11}=\frac{1}{i_2}\left(\frac{2}{3}kh^2+h^2\right)=\frac{h^2}{i_2}$，$\Delta_{1P}=-\frac{ql^2h}{12i_2}$

$$X_1=\frac{1}{12}q\frac{l^2}{h},M_{AB}=M_{BA}=\frac{1}{12}ql^2\text{（外部受拉）}$$

当 $k=\infty$ 时，$\delta_{11}=\frac{2h^2}{3i_1}$，$\Delta_{1P}=0$，$X_1=0$，$M_{AB}=M_{BA}=0$

(b)在 $X_1=1$ 作用时，如题 12-12-2 图解(a)所示。

$$\delta_{11}=\frac{2h^2}{3i_1}+\frac{h^2}{i_2}$$

$$\Delta_{1P}=2\times\frac{1}{EI_1}\times\frac{1}{3}\times h\times\frac{qh^2}{2}\times h+\frac{1}{EI_2}\times l\times\frac{qh^2}{2}\times h=\frac{qh^3}{4i_1}+\frac{qh^3}{2i_2}$$

当 $k=\frac{i_2}{i_1}=0$ 时，$\delta_{11}=\frac{h^2}{i_2}$，$\Delta_{1P}=\frac{qh^3}{2i_2}$

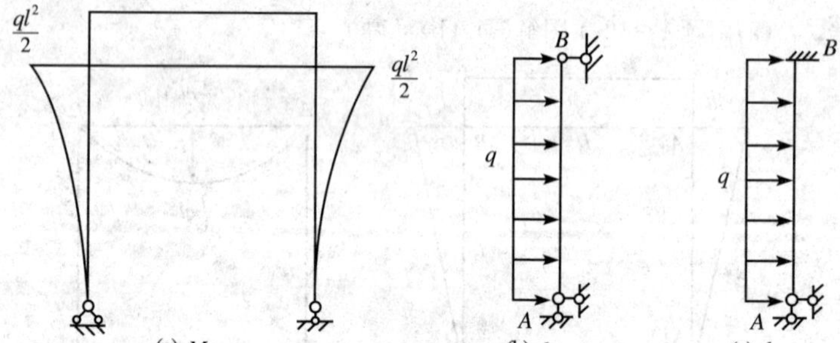

(a) M_P　　(b) $k\to0$　　(c) $k\to\infty$

题 12-12-2 图解

$$X_1=-\frac{qh}{2},M_{BA}=\frac{qh^2}{2}-\frac{qh}{2}\times h=0$$

此时计算简图如题 12-12-2 图解(b)所示。

当 $k=\frac{i_2}{i_1}\to\infty$ 时，$\delta_{11}=\frac{2h^2}{3i_1}$，$\Delta_{1P}=\frac{qh^3}{4i_1}$

$$X_1=-\frac{3}{8}qh,M_{BA}=\left(\frac{1}{2}-\frac{3}{8}\right)qh^2=\frac{1}{8}qh^2$$

此时计算简图如题 12-12-2 图解(c)所示。

12-13 解题过程 利用对称性可知，中间支座处转角为 0，取$\frac{1}{2}$边结构分析，M 图如题 12-13 图解所示，与 i_1 和 i_2 的比值没有关系。可见，$k=\frac{i_1}{i_2}$对 M 图没有影响。

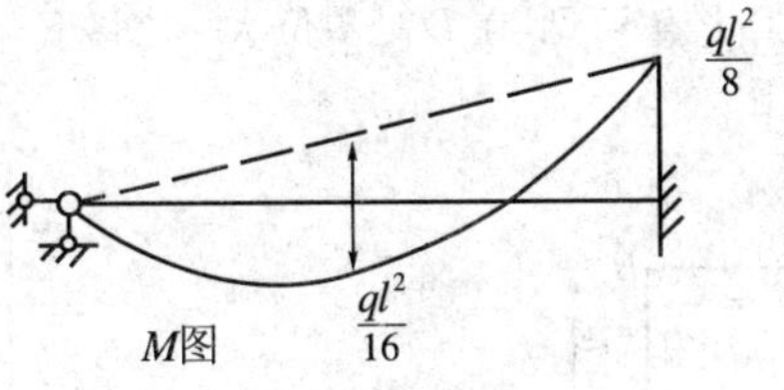

题 12-13 图解

12-14 解题过程 (1)图(b)中 D 支座的弹性抗转支承由图(a)中局部小刚架 $DEF-HG$ 提供，转动刚度 k_φ 是该弹性支座发生单位转角时所需加的力矩(即小刚架 D 点转角 $\theta_D=1$ 时，在 D 点所加的力矩)，弹性支座反力矩 M_D 与转角 θ_D 的关系为 $M_D=k_\varphi\cdot\theta_D$。

(2)将 M_D 加于小刚架的结点 D，如题 12-14 图解(a)所示。用位移法求解，其位移法方程为

$$\begin{cases}16\theta_D+2\theta_E-M_D=0\\2\theta_D+20\theta_E=0\end{cases}\quad 则\ \theta_D=\frac{5}{79},M_D=\frac{5}{79}k_\varphi\cdot\theta_D$$

所以 $k_\varphi=\frac{79}{5}=15.8$

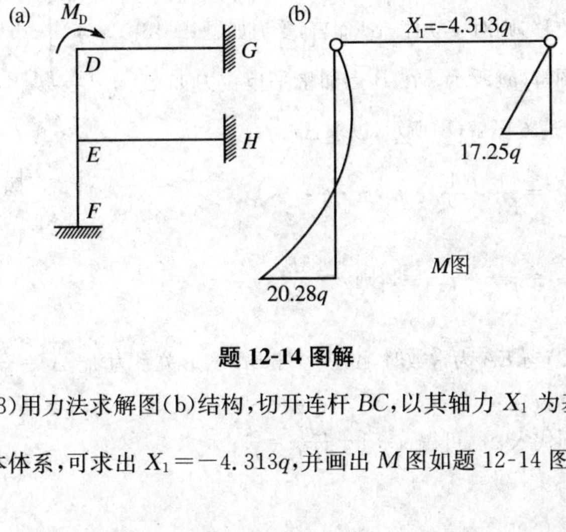

题 12-14 图解

(3)用力法求解图(b)结构，切开连杆 BC，以其轴力 X_1 为基本未知量，得力法基本体系，可求出 $X_1=-4.313q$，并画出 M 图如题 12-14 图解(b)所示(计算过程

从略）。再将力矩 $M_D=17.25q$ 加于图中小刚架上，按上面的位移法方程即可求得刚架内力。

(4)将图(b)中的支座 D 改为固定端，用力法解得连杆轴力 $X_1=-5.341q$，弯矩 $M_{DC}=17.363q$（左侧受拉），与 D 处弹性支座相比，M_{DC} 的相对误差为 0.67%。

12-15 解题过程　由题 12-15 图解可见，在 D 处单位水平位移下

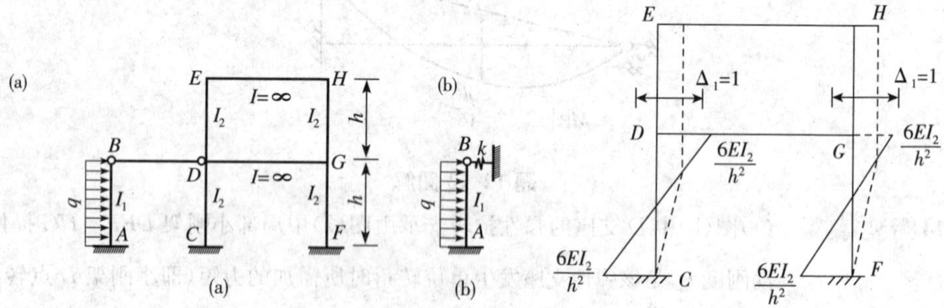

题 12-15 图解

$$k=4\times\frac{6EI_2}{h^3}=\frac{24EI_2}{h^3}$$

支座 B 要能简化成刚性支座则必须 $k=\infty$，即 $I_2=\infty$，所以当 $I_2=\infty$ 时，支座 B 可简化成刚性支座。

12-16 解题过程　同样可以分两种情况讨论。

(1)当 $EA\to\infty$ 时，k 指 D 点产生单位位移时弹簧中的反力，B、D 两点产生相等水平位移，则对于立柱 AB 而言，受力如题12-16 图解(a)所示。在 B 点加水平单位力如题 12-16 图解(b)所示，以求 Δ_B。

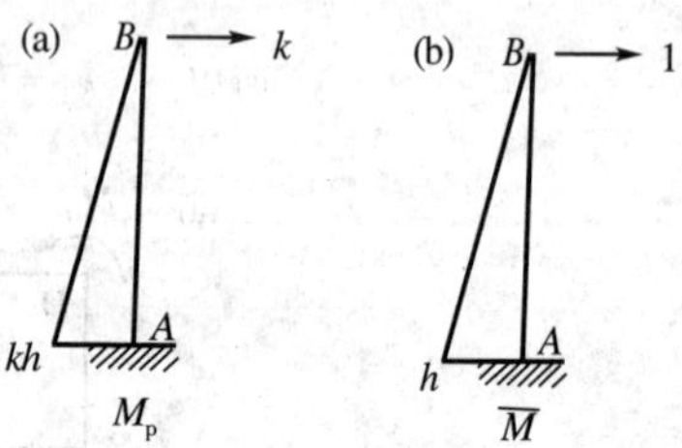

题 12-16 图解

$$\Delta_B=\frac{1}{EI_1}\left(\frac{1}{2}k\cdot h\cdot h\cdot h\cdot\frac{2}{3}\right)$$

$$=\frac{1}{EI_1}\cdot\frac{kh^3}{3}=1，则\ k=\frac{3EI_1}{h^2}$$

(2)当 EA 为常数时，$\Delta_D=1$，杆 BD 变形关系为 $1-\Delta_B=\dfrac{kl}{EA}$

则代入 Δ_B，可得　　$1-\dfrac{kh^3}{3EI_1}=\dfrac{kl}{EA}$

$$k=\frac{1}{\frac{1}{EA}+\frac{h^3}{3EI_1}}$$

所以，当 $EI_1\to\infty$ 时，可将弹性支承改为水平刚性支承。

12-17 略。

12-18 解题过程 (a)由题 12-18 图解(a)、(b)可知：

$$\delta_1=\frac{l^3}{3EI},\delta_2=\frac{l^3}{48EI}$$

$$k_1=\frac{1}{\delta_1}=\frac{3EI}{l^3},k_2=\frac{48EI}{l^3}$$

$$k=k_1+k_2=\frac{51EI}{l^3}$$

$$\mu_{AB}=\frac{3}{51}=\frac{1}{17},\mu_{CD}=1-\frac{1}{17}=\frac{16}{17}$$

即 AB 承受 $\frac{1}{17}F_P$，CD 承受 $\frac{16}{17}F_P$。

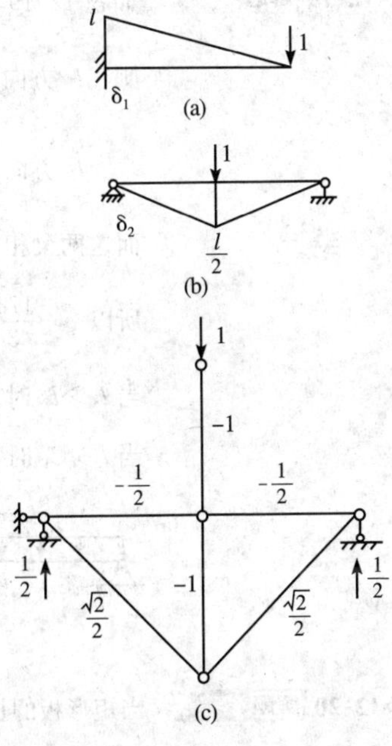

题 12-18 图解

(b)由题 12-18 图解(b)可知，$k_{AB}=\frac{48EI}{l^3}$

而 $k_{CD}=\frac{EA}{l}$，又由 $I=\frac{1}{12}h^4$，$A=h^2$，

可得 $A=\frac{12I}{h^2}$

$$k_{CD}=\frac{12EI}{lh^2}$$

$$k=k_{AB}+k_{CD}=\frac{48EI}{l^3}+\frac{12EI}{lh^2}$$

$$\mu_{AB}=\frac{\frac{48EI}{l^3}}{\left(\frac{48EI}{l^3}+\frac{12EI}{lh^2}\right)}=\frac{4h^2}{4h^2+l^2}\mu_{CD}=\frac{l^2}{4h^2+l^2}$$

AB 梁分担 $\frac{4h^2}{4h^2+l^2}F_P$，CD 杆分担 $\frac{l^2}{4h^2+l^2}F_P$。

(c)由题 12-18 图解(c)可知

$$\delta_3=\frac{1}{EA}\times\left[2\times\left(-\frac{1}{2}\right)^2\times\frac{l}{2}+2\times\left(\frac{\sqrt{2}}{2}\right)^2\times\frac{\sqrt{2}}{2}l+(-1)^2\times\frac{l}{2}\right]$$

$$=\frac{1.4571l}{EA}$$

$$k_3=\frac{1}{\delta_3}=0.686\ 3,\ \frac{EA}{l}=8.2355\ \frac{EI}{lh^2}$$

同理(b)可得，AB 梁分担$\frac{48h^2}{48h^2+8.235\ 5l^2}F_{\mathrm{P}}=\frac{5.828h^2}{5.828h^2+l^2}F_{\mathrm{P}}$，$CDE$ 桁架部分分担$\frac{l^2}{5.828h^2+l^2}F_{\mathrm{P}}$。

12-19 解题过程 如题 12-19 图所示，在板的横向和竖向的中点处取一梁来计算。

则 l_1 方向，可按悬臂梁计算，其跨中挠度为 $D_1=\frac{17q_1l_1^4}{384}$

l_2 方向，可按简支梁计算，其跨中挠度为 $D_2=\frac{5q_2l_2^4}{384}$

而这两梁相交的中点挠度应相等，即 $D_1=D_2$

所以 $\frac{17q_1l_1^4}{384}=\frac{5q_2l_2^4}{384}$

当 $l_1\gg l_2$ 时，$q_2\gg q_1$，可按简支梁计算，计算简图如题 12-19 图解(a)所示。

当 $l_2\gg l_1$ 时，$q_1\gg q_2$，可按悬挑板计算，计算简图如题 12-19 图解(b)所示。

题 12-19 图解

12-20 解题过程 当矩形板的长边与短边之比大于 2 时，沿短边的支承的影响已很小，可视为荷载只沿短边方向传递。在本题中，(a)情况因为池壁上端自由，故墙面水压力只能向墙址方向传递，形成池壁下端固定，上端自由的悬壁构件计算模型。而本题(b)情况，水压力可视为只沿水平方向传递到池壁两侧的支承边上，形成沿短边方向两端支承的单向板计算模型。

12-21 解题过程 三种情况中，(c)为静定桁架，而(a)、(b)只是超静定次数不同，都可以去掉多余约束，取力法基本体系，解力法方程。但如果忽略轴向变形的影响，基本体系为铰结体系，在结点荷载作用下只产生轴力 F_{NP}。任一截面的弯矩 M_{P} 等于零，所以各自由项 Δ_{DP} 都等于零，即力法方程变为齐次方程，各多余未知力均为零，所以三种结构是等价的，内力相同。

第 13 章 能量原理

本章知识要点概述

1. 理解势能原理与余能原理的概念以及与位移法和力法的相通关系。

2. 理解分区混合法能量驻值原理。

3. 理解势能和余能偏导数定理及分区混合能量偏导数定理。

知识点归纳

一、可能内力与可能位移

静力可能内力指平衡内力，几何可能位移指的是协调位移。

- 真实内力、真实应变、真实位移
  - 静力条件
    - 平衡微分方程
    - 静力边界条件
    - → 静力可能内力
  - 物理条件
  - 几何条件
    - 应变位移微分关系
    - 超静定结构可能位移的存在关系
    - 位移边界(联结)条件
    - → 几何可能应变、几何可能位移

二、应变能与应变余能

应变能 $$V_{\varepsilon}^{e}=\int v_{\varepsilon}\,\mathrm{d}s,V_{\varepsilon}=\sum_{e}\int\frac{1}{2}(EA\varepsilon^{2}+\frac{GA}{k}r^{2}+EI\kappa^{2})\,\mathrm{d}s$$

应变余能 $$V_{C}^{e}=\int v_{C}\,\mathrm{d}s$$

$$V_{C}=\sum_{e}\int\left[\varepsilon_{0}F_{N}+\gamma_{0}F_{Q}+\kappa_{0}M+\int_{0}^{F_{N}}\varepsilon\mathrm{d}F_{N}+\int_{0}^{F_{Q}}\gamma\mathrm{d}F_{Q}+\int_{0}^{F_{N}}\kappa\mathrm{d}M\right]ds$$

三、势能驻值原理

势能驻值原理是与位移法对应的能量原理。

势能驻值原理：在位移满足几何条件的前提下，如果位移相应的内力还进一步满足静力条件，则该位移必使其势能 E_{P} 为驻值。

势能驻值条件与平衡条件是等价的。

在小位移、线弹性的稳定平衡问题中可以证明，势能驻值原理就是最小势能原理。

四、分区混合能量驻值原理

分区混合能量驻值原理是与分区混合法对应的能量原理，如果余能区的内力满足本区的全部静力条件，势能区的位移满足本区的全部几何条件，则此分区混合的内力和位移状态称为分区混合可能状态。

$$E_{\mathrm{m}}=(E_{\mathrm{P}})_{\mathrm{b}}-(E_C)_{\mathrm{a}}+E_J$$

式中，E_m 为结构的分区混合能量，$(E_{\mathrm{P}})_{\mathrm{b}}$ 为 b 区的势能，$(E_C)_{\mathrm{a}}$ 是 a 区的余能，E_J 为两区交接处 J 的附加能量。

五、余能驻值原理

余能驻值原理是与力法相对应的能量原理。

超静定结构的余能驻值原理：在内力满足静力平衡条件的前提下，如果内力相应的应变进一步还满足应变协调条件，则该内力必使其余能 E_C 为驻值。

余能驻值条件与变形协调条件是等价的。

超静定结构中，在同时满足静力平衡方程、几何方程和物理方程的解具有唯一解的情况下，结构的真实内力不仅使余能为驻值，而且可以证明它可使余能为极小值，此即最小余能原理。

六、卡氏定理和克罗蒂-恩格塞定理

1. 卡氏第一定理

$$F_i=\frac{\partial V}{\partial \Delta_i}\quad (i=1,2\cdots,n)$$

卡氏第一定理利用应变能建立了荷载与位移的关系，实际上是势能驻值原理的另一种表示形式。

2. 克罗蒂-恩格塞定理

在结构没有支座位移的情况下，结构的总余能与应变余能相等。如果将结构的应变余能表示为荷载的函数，则应变余能 V_C 对任一荷载 X_i 的偏导数就等于与该荷载相应的位移 D_i，即

$$D_i=\frac{\partial V_C}{\partial X_i} \qquad ①$$

式①称为克罗蒂-恩格塞定理。

3. 卡氏第二定理

对于线弹性结构，应变能 V_ε 与应变余能 V_C 相等，故由式可得出如下公式

$$D_i=\frac{\partial V_\varepsilon}{\partial X_i} \qquad ②$$

式②称作卡氏第二定理。它可叙述为：在结构为线弹性、无初应变且无支座位移的情况下，如果将结构的应变能 V_ε 表示为荷载的函数，则应变能 V_ε 对任一荷载 X_i 的偏导数就等于与该荷载相应的位移 D_i。

七、势能和余能偏导数定理

1. 势能偏导数定理

$$F_i=\frac{\partial E_P}{\partial \Delta_i}$$

式中，E_P 为结构的势能，Δ_i 为变量位移，F_i 为与变量位移对应的约束力。

2. 余能偏导数定理

$$D_i=\frac{\partial E_C}{\partial X_i}$$

式中，E_C 为结构的余能，X_i 为变量力，D_i 与为变量力对应的位移。

3. 分区混合能偏导数定理

$$D_i=-\frac{\partial E_m}{\partial X_i},F_j=\frac{\partial E_m}{\partial \Delta_j}$$

式中，E_m 为结构的分区混合能量，X_i 为变量力，Δ_j 为变量位移，D_i 为与变量力对应的变量位移，F_j 为与变量位移对应的约束力。

典型例题与解题技巧

例 1 如例 13-1 图所示为一矩形截面悬臂梁，在自由端作用荷载 F_P，设固定端处有已知转角 φ_{AB}，求梁的余能 E_C。

(1)设材料为线弹性($\sigma=E_\varepsilon$)；

(2)设材料为非线弹性($\sigma=B\sqrt{|\varepsilon|}$)。

例 13-1 图

知识点窍 本题的已知位移为支座 A 的转角 φ_{AB}，相应的支座反力按平衡条件得到，约束力偶 M_{AB}

$=F_P l(\circlearrowright)$。力偶 M_{AB} 在边界已知位移 φ_{AB} 上所做的功为 $-M_{AB}\varphi_{AB}=-F_P l\varphi_{AB}$，所以，悬臂梁的支座位移余能 $E_C^*=\sum R_C=F_P l\varphi_{AB}$。

解题过程 求梁的应变余能 V_C 和余能 E_C。

(1)线弹性情况

梁的应变余能和应变能相等，即

$$V_C=V=\frac{1}{2EI}\int_0^l M^2(x)\mathrm{d}x=\frac{1}{2EI}\int_0^l (F_P x)^2\mathrm{d}x=\frac{F_P^2 l^3}{6EI}$$

梁的余能等于梁的应变余能与支座位移余能之和，即

$$E_C=V_C+E_C^*=\frac{F_P^2 l^3}{6EI}+F_P l\varphi_{AB}$$

(2)非线弹性情况

已知应力与应变关系为 $\sigma=B\sqrt{|\varepsilon|}$

又应变与曲率 k 的关系为

$$\varepsilon=yk$$

因此，应力与曲率的关系为

$$\sigma=B\sqrt{y}\sqrt{k}$$

如果该悬臂梁截面宽 b、高 h，则弯矩与曲率的关系为

$$M=2\int_0^{\frac{h}{2}} y\sigma b\mathrm{d}y=2Bb\sqrt{k}\int_0^{\frac{h}{2}} y^{\frac{3}{2}}\mathrm{d}y=\frac{\sqrt{2}}{10}Bbh^{\frac{5}{2}}\sqrt{k}\quad \text{或}\quad k=\frac{50}{B^2b^2h^5}M^2$$

梁的弯曲应变余能为

$$V_C=\int_0^l\int_0^M\frac{1}{\rho}\mathrm{d}M\mathrm{d}x=\int_0^l\int_0^M k\mathrm{d}M\mathrm{d}x=\int_0^l\left[\frac{50}{B^2b^2h^5}\int_0^{M(x)}M^2\mathrm{d}M\right]\mathrm{d}x$$

$$=\int_0^l\frac{50}{3B^2b^2h^5}F_P^3x^3\mathrm{d}x=\frac{25}{6B^2b^2h^5}F_P^3l^4$$

梁的余能为 $E_C=V_C+E_C^*=\frac{25}{6B^2b^2h^5}F_P^3l^4+F_P l\varphi_{AB}$。

课后习题全解

13-1 解题过程 (a)在 $X_1=1$ 下，$\overline{M}_1=x$，$\overline{F}_{Q1}=1$

在(c)中， $M'_P=-\frac{q}{2}x^2, F'_Q=-qx$

$$F_Q=X_1{}'\cdot F_{Q1}+F'_Q=X'_1-qx$$

$$M_Q=\overline{M}_1(x)X'_1+M'_P(x)=X'_1x-\frac{qx^2}{2}$$

$$\frac{dF_Q}{dx}=-q,\frac{dM}{dx}-F_Q=X'_1-qx-(X'_1-qx)=0$$

可见满足静力平衡条件。

(b)在(d)中，$M''_P(x)=\frac{q}{2}x(l-x)$

$$F''_Q(x)=\frac{q}{2}(l-x)=\frac{ql}{2}-qx$$

$$F_Q=X''_1+\frac{ql}{2}-qx,M_Q=\overline{M}_1(x)X''_1+M''_P(x)=X''_1x+\frac{qx}{2}(l-x)$$

$$\frac{dF_Q}{dx}=-q,\frac{dM(x)}{dx}-F_Q=X''_1+\frac{q}{2}(l-2x)-\left(\frac{ql}{2}+X''_1-qx\right)=0$$

可见也满足平衡。

所以两种静力表示式都是静力可能内力。

13-2 解题过程 (1)当 $x=0$ 时，$v=a_1$

悬梁固端位移为零，所以不符合条件，不是几何可能位移。

(2)当$x=0$ 时，$v=0$

$x=l$ 时，$v=a_1l^2+a_2l^3+\cdots\cdots+a_nl^{n+1}$

$$\frac{dv}{dx}=2a_1x+3a_2x^2+\cdots\cdots+(n+1)a_nx^n$$

当$x=0$ 时，$\theta=0$

$x=l$ 时，$\theta=2a_1l+3a_2l+\cdots\cdots+(n+1)a_nl^n$

所以，满足条件是几何可能位移。

13-3 解题过程 (1)当$x=0$ 时，$v=0$

$x=l$ 时，$v=0$

$$\frac{dv}{dx}=(l-2x)(a_1+a_2x+\cdots\cdots+a_nx^{n-1})-(xl-x^2)\times$$

$$(a_2+2a_3x+\cdots\cdots+(n-1)a_nx^{n-2})$$

当$x=0$时,$\theta=a_1 l$

$x=l$时,$\theta=-l(a_1+a_2 l+\cdots\cdots+a_n l^{n-1})$

所以满足条件,是几何可能位移。

(2)当$x=0$时,$v=0$

$x=l$时,$v=0$

$$\frac{\mathrm{d}v(x)}{\mathrm{d}x}=\sum_{n=1}^{\infty}a_n\cdot\frac{n\pi}{l}\cdot\cos\frac{n\pi x}{l}$$

当$x=0$时,$\theta=\sum\limits_{n=1}^{\infty}\frac{n\pi a_n}{l}$

$x=l$时,$\theta=\sum\limits_{n=1}^{\infty}(\pm)\frac{n\pi a_n}{l}$

所以符合条件,是几何可能位移。

13-4 解题过程 (1)当$x=0$时,$v=0$

$x=l$时,$v=0$

$$\frac{\mathrm{d}v(x)}{\mathrm{d}x}=(2l^2x+4x^3-6lx^2)(a_1+a_2x+\cdots\cdots+a_nx^{n-1})$$
$$-x^2(l-x)^2[a_2+2a_3x+\cdots\cdots+(n-1)a_nx^{n-2}]$$

当$x=0$时,$\theta=0$

$x=l$时,$\theta=0$

所以,满足条件是几何可能位移。

(2)当$x=0$时,$v=0$

$x=l$时,$v=0$

$$\frac{\mathrm{d}v(x)}{\mathrm{d}x}=\sum_{n=1}^{\infty}a_n\cdot\frac{2n\pi}{l}\cdot\sin\frac{2n\pi x}{l}$$

当$x=0$时,$\theta=0$

$x=l$时,$\theta=0$

所以,满足条件是几何可能位移。

13-5 解题过程 受力分析如题13-5图解所示。

(a)求结构应变能 $\Delta_{AC}=\Delta_1$,$\Delta_{BC}=\frac{\sqrt{2}}{2}(\Delta_1-\Delta_2)$

$$V_\varepsilon=\sum\frac{EA}{2}\varepsilon_i^2 l_i=\frac{EA}{2}\left[\left(\frac{\Delta_1}{a}\right)^2\times a+\frac{(\Delta_1-\Delta_2)^2}{2\times 2a^2}\times\sqrt{2}a\right]$$

$$=\frac{EA}{2}\left[\frac{1}{a}\Delta_1^2+\frac{\sqrt{2}}{4a}(\Delta_1-\Delta_2)^2\right]=\frac{EA}{2a}\left[\Delta_1^2+\frac{\sqrt{2}}{4}(\Delta_1-\Delta_2)^2\right]$$

结构势能 $E_P=V_\varepsilon+V_P=\frac{EA}{2a}\left[\Delta_1^2+\frac{\sqrt{2}}{4}(\Delta_1-\Delta_2)^2\right]-F_P\Delta_2$

由 $\begin{cases}\dfrac{\partial E_P}{\partial\Delta_1}=0\\[2ex]\dfrac{\partial E_P}{\partial\Delta_2}=0\end{cases}$ 得 $\begin{cases}\Delta_1+\dfrac{\sqrt{2}}{4}(\Delta_1-\Delta_2)=0\\[2ex]-\dfrac{EA}{a}\times\dfrac{\sqrt{2}}{4}(\Delta_1-\Delta_2)-F_P=0\end{cases}$

即 $\begin{cases}\Delta_1=+\dfrac{F_Pa}{EA}\\[2ex]\Delta_2=(2\sqrt{2}+1)\dfrac{F_Pa}{EA}\end{cases}$ $\qquad\Delta_1-\Delta_2=-2\sqrt{2}\dfrac{F_Pa}{EA}$

$$F_{NBC}=\frac{EA}{\sqrt{2}a}\times(\Delta_1-\Delta_2)\times\frac{\sqrt{2}}{2}=-\sqrt{2}F_P$$

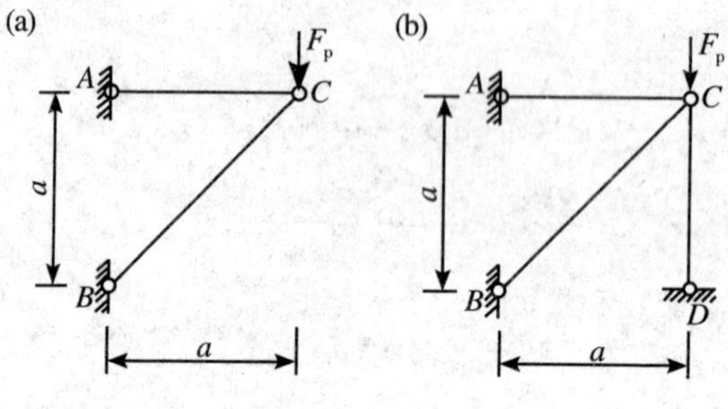

题 13-5 图

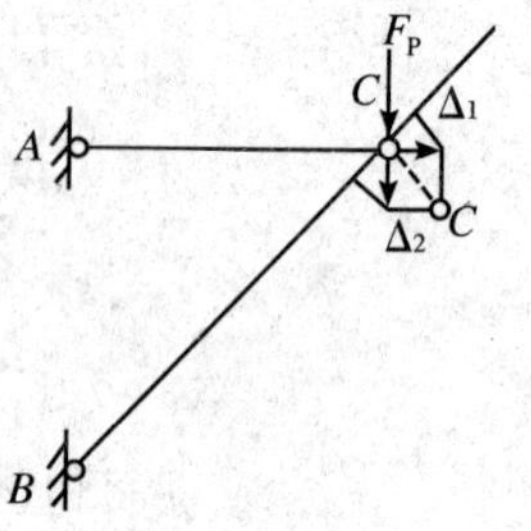

题 13-5 图解

(b)同理(a)，只是在应变能中加 CD 杆

$$V_\varepsilon=\frac{EA}{2a}\left[\Delta_1^2+\frac{\sqrt{2}}{4}(\Delta_1-\Delta_2)^2+\Delta_2^2\right]$$

$$E_P=V_\varepsilon-F_P\Delta_2$$

由 $\begin{cases}\partial E_P/\partial\Delta_1=0\\ \partial E_P/\partial\Delta_2=0\end{cases}$ 得 $\begin{cases}\Delta_1+\dfrac{\sqrt{2}}{4}(\Delta_1-\Delta_2)=0\\[2ex]-\dfrac{EA}{a}\times\dfrac{\sqrt{2}}{4}(\Delta_1-\Delta_2)+\dfrac{EA}{a}\Delta_2-F_P=0\end{cases}$

即 $\begin{cases}\Delta_1=\dfrac{\sqrt{2}-1}{2}\dfrac{F_Pa}{EA}\\[2ex]\Delta_2=\dfrac{3-\sqrt{2}}{2}F_Pa/EA\end{cases}$

$$F_{NAC}=\frac{EA}{a}\Delta_1=\frac{\sqrt{2}-1}{2}F_P,F_{NCD}=-\frac{EA}{a}\Delta_2=\frac{\sqrt{2}-3}{2}F_P$$

$$F_{NBC}=\frac{\sqrt{2}-2}{2}F_P$$

13-6 解题过程 (a) $V_\varepsilon=2i[\theta_A{}^2+\theta_A\theta_B+\theta_B{}^2-3(\theta_A+\theta_B)\frac{\Delta_B-\Delta_A}{l}+\frac{3}{l^2}(\Delta_B-\Delta_A)^2]$

杆 AB $\theta_A=0,\Delta_A=0,\theta_B=\Delta_1,\Delta_B=0$

杆 CB $\theta_A=0,\Delta_A=0,\theta_B=\Delta_1,\Delta_B=0$

杆 BD $\theta_A=\Delta_1,\Delta_A=0,\theta_B=0,\Delta_B=0$

$$V_\varepsilon=2i[\Delta_1^2+\Delta_1^2+\Delta_1^2]=6i\Delta_1^2$$

荷载势能 $V_P=-F_P\frac{a}{8}\Delta_1,E_P=6i\Delta_1^2-F_P\frac{a}{8}\Delta_1$

由 $\frac{\partial E_P}{\partial \Delta_1}=0$ 得 $12i\Delta_1=\frac{1}{8}F_Pa$，即 $\Delta_1=\frac{F_Pa}{96i}=\frac{F_Pa^2}{96EI}$

从而可作 M 图，如题 13-6-1 图解(b)所示。

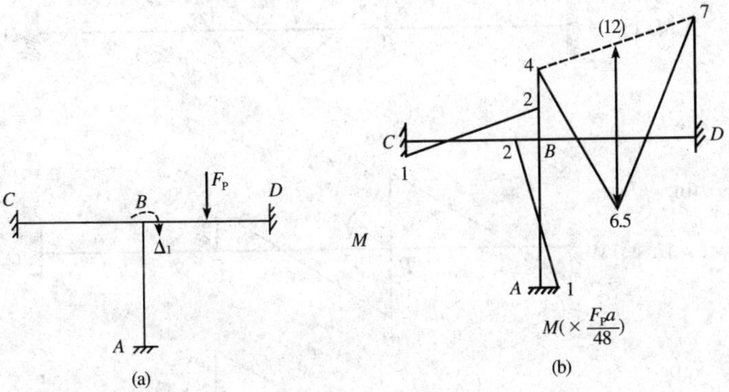

题 13-6-1 图解

(b) 杆 AB $\theta_A=0,\Delta_A=0,\theta_B=\Delta_1,\Delta_B=\Delta_1$

杆 DC $\theta_b=0,\Delta_D=0,\theta_C=0,\Delta_C=\Delta_1$

$$V_\varepsilon=2\frac{EI_1}{a}\left[\frac{3}{a^2}\Delta_1^2+\frac{3\Delta_1^2}{a^2}\right]=12\frac{EI_1}{a^3}\Delta_1^2$$

$$V_P=F_P\Delta_1\quad E_P=V_\varepsilon-V_P=12\frac{EI_1}{a^3}\Delta_1^2-F_P\Delta_1$$

由 $\frac{\partial E_P}{\partial \Delta_1}=0$ 得 $24\frac{EI_1}{a^3}\Delta_1=F_P$，即 $\Delta_1=\frac{F_Pa^3}{24EI_1}$

从而可作 M 图，如题 13-6-2 图解(b)所示。

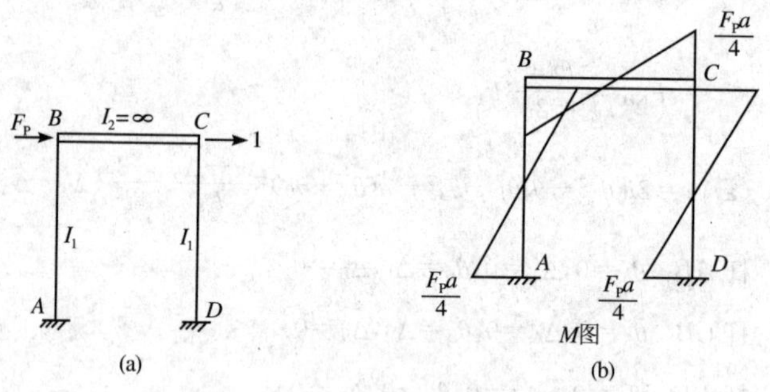

题 13-6-2 图解

13-7 解题过程 作 M_P、$\overline{M}_1$、$\overline{M}_2$ 图如题 13-7 图解(a)、(b)、(c)所示，则根据公式 $k_{ij}=\sum_e\int\frac{\overline{M}_i\overline{M}_j}{EI}\mathrm{d}s$ 可得

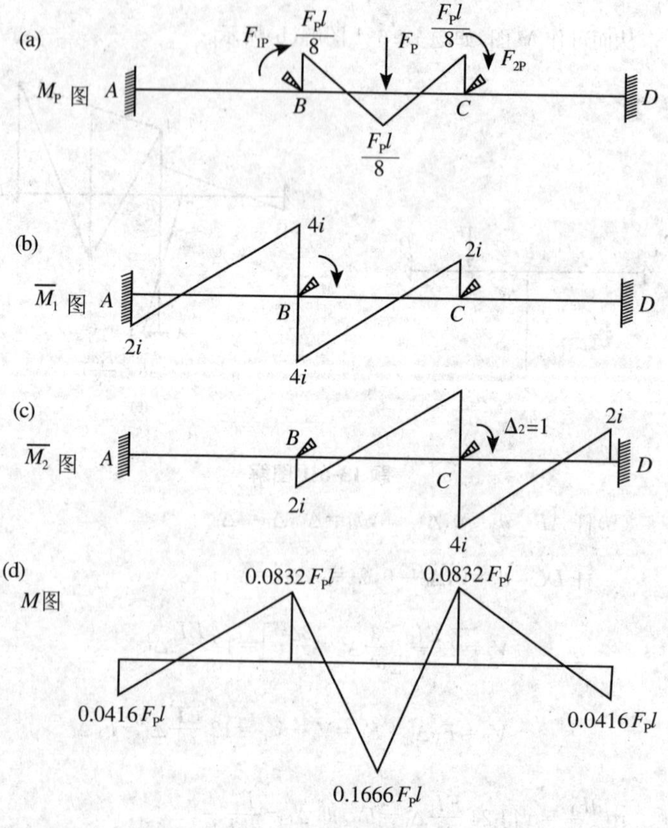

题 13-7 图解

$$k_{11}=k_{22}=\frac{2}{EI}\left(\frac{1}{2}\times 2i\times\frac{l}{3}\times 2i\times\frac{2}{3}+\frac{1}{2}\times 4i\times\frac{2}{3}l\times 4i\times\frac{2}{3}\right)=8i$$

$$k_{12}=k_{21}=\frac{2}{EI}\left(\frac{1}{2}\times 2i\times\frac{l}{3}\times 3i\right)=2i$$

根据公式 $$F_{iP}=-\sum F_P\overline{D}_i$$

且 $\overline{D}_1=-\overline{D}_2=\dfrac{l}{8}$，则 $F_{1P}=-F_{2P}=-\dfrac{F_Pl}{8}$

所以可列位移法基本方程

$$8i\Delta_1+2i\Delta_2-\frac{F_Pl}{8}=0,\ 2i\Delta_1+8i\Delta_2+\frac{F_Pl}{8}=0$$

解得 $i\Delta_1=-i\Delta_2=0.0208F_Pl$

若用第7章位移法基本体系求解，则从 M_P、$\overline{M}_1$、$\overline{M}_2$ 图中可直接得到

$$k_{11}=k_{22}=8i,k_{12}=k_{21}=2i$$

$$F_{1P}=-F_{2P}=-\frac{F_Pl}{8}$$

所以同样有位移法基本方程

$$8i\Delta_1+2i\Delta_2-\frac{F_Pl}{8}=0,\ 2i\Delta_1+8i\Delta_2+\frac{F_Pl}{8}=0$$

$$i\Delta_1=-i\Delta_2=0.0208\ F_Pl$$

所以按照叠加法可作弯矩图 M，如题13-7图解(d)所示。

13-8 解题过程 (a)桁架在竖向力作用下，只产生竖向位移 $\overline{\Delta}$，如题13-8图解所示。

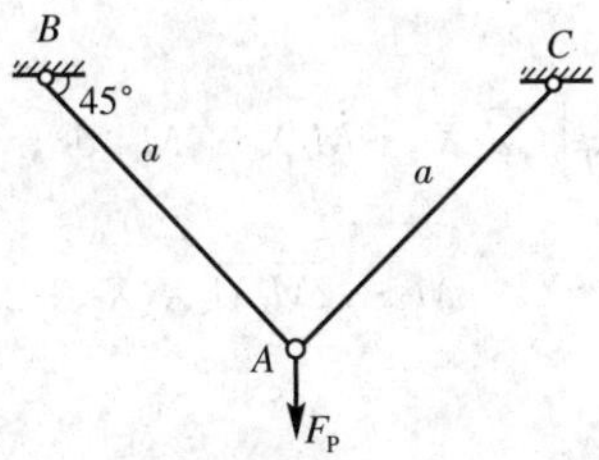

题13-8图

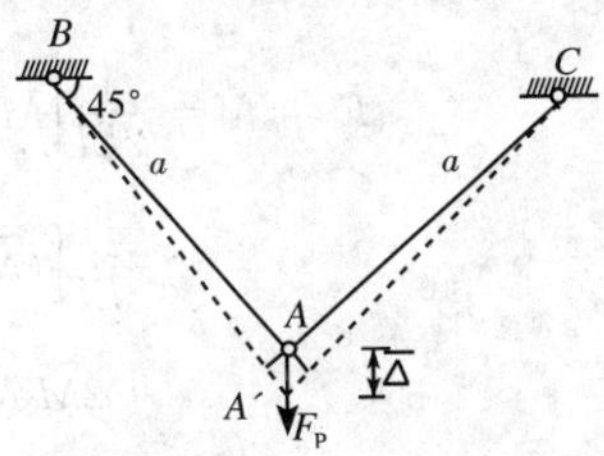

题13-8图解

则 $\lambda_{AB}=\lambda_{AC}=\overline{\Delta}\sin45°=\overline{\Delta}\cdot\dfrac{\sqrt{2}}{2}$ $\varepsilon_{AB}=\varepsilon_{AC}=\dfrac{\sqrt{2}\overline{\Delta}}{2\cdot a}$

所以桁架的势能为

$$\overline{E}_P=\sum\frac{EA}{2}\varepsilon_i^2 l_i-F_P\overline{\Delta}=\frac{2EA}{2}\cdot\left(\frac{\sqrt{2}\overline{\Delta}}{2a}\right)^2\cdot a-F_P\overline{\Delta}=\frac{EA\Delta^2}{2a}-F_P\overline{\Delta}$$

(b)当 A 点竖向位移为变量 Δ 时

桁架应变能为 $U=\dfrac{EA\Delta^2}{2a}$

荷载势能 $U_P=-F_P\cdot\Delta$

桁架总势能为 $E_P(\Delta)=U+U_P=\dfrac{EA\Delta^2}{2a}-F_P\Delta$

(c)应用势能条件

$$\frac{\mathrm{d}E_P(\Delta)}{\mathrm{d}\Delta}=\frac{EA\Delta}{a}-F_P=0$$

则 $\Delta=\dfrac{F_P a}{EA}$

所以 $E_{P(\min)}=-\dfrac{F_P^2 a}{2EA}$

13-9 解题过程 (1)确定静力可能内力

选取力法基本体系，如题 13-9 图解(a)所示，且 X_3 对弯矩没有影响。所以作荷载作用下的 M_P 图，以及 $X_1=1$、$X_2=1$ 作用下的 $\overline{M}_1$ 图、$\overline{M}_2$ 图，如题 13-9 图解(b)、(c)、(d)所示。

则该超静定梁的可能内力(弯矩)可表示为

$$M(x)=\overline{M}_1X_1+\overline{M}_2X_2+M_P$$

(2)求余能 E_C

$$\begin{aligned}E_C=V&=\frac{1}{2EI}\int M^2\,\mathrm{d}s=\frac{1}{2EI}\int(\overline{M}_1X_1+\overline{M}_2X_2+M_P)\,\mathrm{d}s\\&=\frac{1}{2EI}\int(\overline{M}_1^2X_1^2+\overline{M}_2^2X_2^2+M_P^2+2\overline{M}_1\overline{M}_2X_1X_2+2\overline{M}_1X_1M_P\\&\quad+2\overline{M}_2M_PX_1)\,\mathrm{d}s\\&=\frac{1}{2EI}\left[\frac{1}{2}\cdot l\cdot l\cdot l\cdot\frac{2}{3}\cdot X_1^2+1\cdot l\cdot 1\cdot X_2^2+2\cdot\frac{1}{2}\cdot l\cdot l\cdot 1\cdot\right.\\&\quad X_1X_2+2\cdot\frac{1}{2}\cdot\frac{F_Pl}{2}\cdot\frac{l}{2}\cdot l\cdot\frac{5}{6}X_1+2\cdot\frac{1}{2}\cdot\frac{F_Pl}{2}\\&\quad\left.\cdot\frac{l}{2}\cdot 1\cdot X_2\right]\end{aligned}$$

$$= \frac{1}{2EI}\left(\frac{l^3}{3}X_1^2 + l \cdot X_2^2 + l^2 X_1 X_2 + \frac{5}{24}F_P l^3 X_1 + \frac{F_P l^2}{4}X_2\right)$$

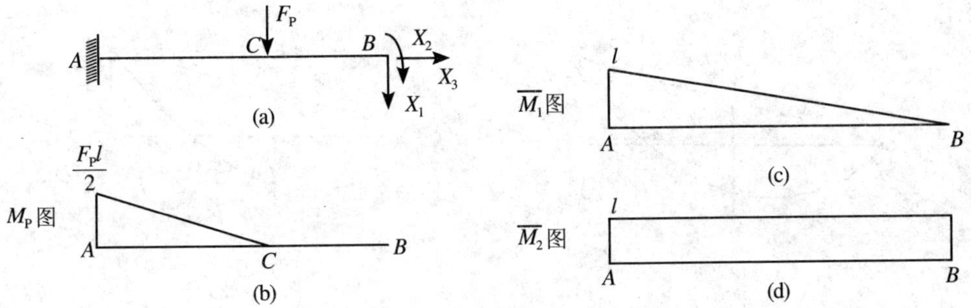

题 13-9 图解

(3)应用余能条件

$$\frac{\partial E_C}{\partial X_1} = \frac{1}{2EI}\left(\frac{2l^3}{3}X_1 + l^2 X_2 + \frac{5}{24}F_P l^3\right) = 0$$

$$\frac{\partial E_C}{\partial X_2} = \frac{1}{2EI}\left(2lX_2 + l^2 X_1 + \frac{F_P l^2}{4}\right) = 0$$

求得 $X_1 = -\frac{F_P}{2}, X_2 = \frac{F_P l}{8}$

(4)求杆端弯矩

$$M(x) = \overline{M}_1 X_1 + \overline{M}_2 X_2 + M_P$$

A 端:当 $x=0$ 时,$M_A = -\frac{F_P l}{2} - \left(-\frac{F_P l}{2}\right) - \frac{F_P l}{8} = -\frac{F_P l}{8}$

B 端:当 $x = l$ 时,$M_B = \overline{M}_2 X_2 = \frac{F_P l}{8}$

13-10 解题过程 (1)由题 13-10 图解(a)可知

$$M(x) = \overline{M}_1(x)X_1' + M_P'(x) = xX_1' - \frac{q}{2}x^2$$

$$V_C = \int_0^l \frac{1}{2EI}M^2(x)\mathrm{d}x = \frac{1}{2EI}\int_0^l \left(xX_1' - \frac{q}{2}x^2\right)^2 \mathrm{d}x$$

$$= \frac{1}{2EI}\left(\frac{X_1^2}{3}x^3 + \frac{q^2}{20}x^5 - \frac{qX'_1}{4}x^4\right)\Big|_0^l$$

$$= \frac{1}{2EI}\left(\frac{l^3}{3}X'^2_1 - \frac{q}{4}l^4 X_1' + \frac{q}{20}l^5\right)$$

$V_d = 0, E_C = V_C$

又由$\frac{\partial E_C}{\partial X_1{}'}=0$，得$\frac{2}{3}l^3X_1{}'-\frac{ql^4}{4}=0$，即 $X_1{}'=\frac{3ql}{8}$（↑）

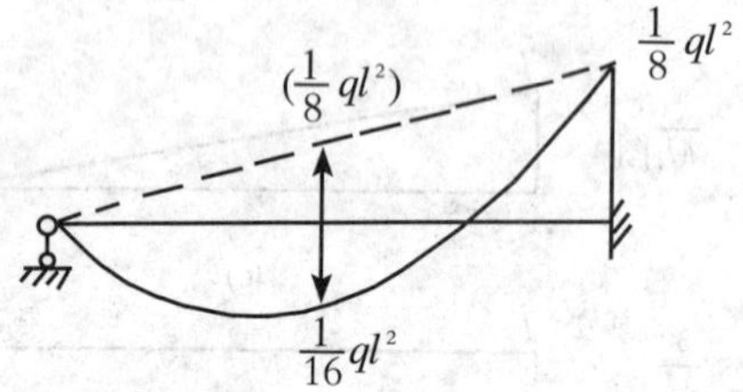

(a) M 图

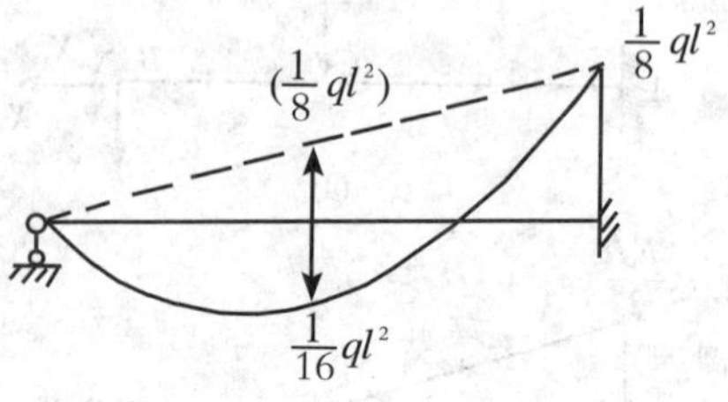

(b) M 图

题 13-10 图解

（2）由题 13-10 图解(b)可知

$$M(x)=M_1(x)X_1''+M_P''(x)=xX_1''+\frac{qx}{2}(l-x)$$

$$V_C=\int_0^l\frac{1}{2EI}\left[xX''_1+\frac{qx}{2}(l-x)\right]^2\mathrm{d}x$$

$$=\frac{1}{2EI}\int_0^l\left[X''^2_1x^2+\frac{q^2x^2}{4}(l-x)^2+qX''_1x^2(l-x)\right]\mathrm{d}x$$

$$=\frac{1}{2EI}\left[\frac{l^3}{3}X''^2_1+\frac{q^2l^5}{120}+\frac{ql^4}{12}X''_1\right]$$

因为 $V_{Cd}=0$，所以 $E_C=V$

由$\frac{\partial E_C}{\partial X_1{}''}=0$，得$\frac{2}{3}l^3X_1{}''+\frac{ql^4}{12}=0$，即 $X_1{}''=-\frac{ql}{8}$

左端支座反力 $F_R^L=\frac{1}{2}ql-\frac{ql}{8}=\frac{3}{8}ql$（↑）

比较(a)和(b)可知，两者完全相同。

13-11 解题过程 (a)设 $F_{NAC}=X_1$，则 $F_{NCD}=X_1$，$F_{NBC}=-\sqrt{2}X_1$

$$V_C=\sum\int\left[\varepsilon_0F_N+\frac{1}{2EA}F_N^2\right]\mathrm{d}s$$

$$=\alpha t\times X_1\times a+\frac{1}{2EI}\times[2\times(X_1)^2\times a+(-\sqrt{2}X_1)^2\times\sqrt{2}a]$$

$$=\alpha t\times X_1\times a+\frac{1}{EA}[aX_1^2+\sqrt{2}aX_1^2]$$

而 $V_{Cd}=0$，$E_C=V_C$

由$\dfrac{\partial E_C}{\partial X_1}=0$得

$$\alpha ta+\frac{2}{EA}(a+\sqrt{2}a)X_1=0,即$$

$$X_1=-\frac{EA\alpha t}{2(1+\sqrt{2})}=\frac{1-\sqrt{2}}{2}\times EA\alpha t$$

$$F_{NCD}=F_{NAC}=\frac{1-\sqrt{2}}{2}EA\alpha t,F_{NBC}=\frac{2-\sqrt{2}}{2}EA\alpha t$$

(b)由(a)可知

$$V_C=\sum\int\frac{1}{2EA}F_N^2\mathrm{d}s=\frac{a}{EA}(X_1^2+\sqrt{2}X_1^2)=(1+\sqrt{2})\frac{aX_1^2}{EA}$$

$$V_{Cd}=X_1\times C,E_C=(1+\sqrt{2})\frac{aX_1^2}{EA}+CX_1=0$$

由$\dfrac{\partial E_C}{\partial X_1}=0$可得

$$-2(1+\sqrt{2})\frac{aX_1}{EA}=c,即\ X_1=\frac{-EAc}{2(1+\sqrt{2}a)}=\frac{1-\sqrt{2}}{2}\times\frac{EAc}{a}$$

$$F_{NAC}=F_{NCD}=\frac{1-\sqrt{2}}{2}\frac{EAc}{a},F_{NBC}=\frac{2-\sqrt{2}}{2}\frac{EAc}{a}$$

13-12 解题过程 (1)同样选取A点的反力X_1为未知力,如题13-12图解(a)所示。则根据静力条件可得

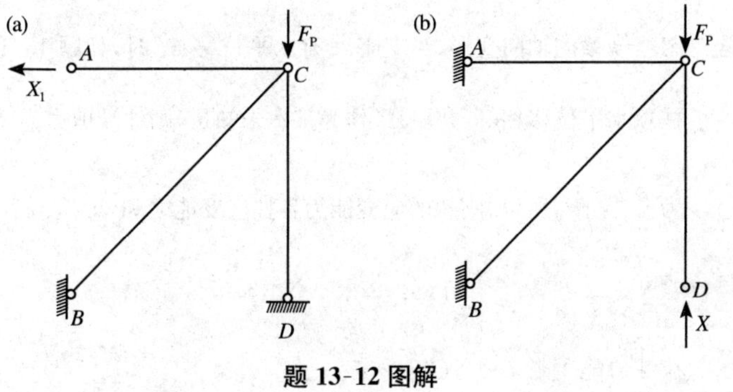

题 13-12 图解

$$F_{NAC}=X_1,\ F_{NBC}=-\sqrt{2}X_1,\ F_{NCD}=F_P-X_1$$

所以 $V=\dfrac{\sum F_N^2\cdot a}{2EA}=\dfrac{1}{2EA}[X_1^2\cdot a+2X_1^2\cdot\sqrt{2}a+(F_P-X_1)^2\cdot a]$

$$\overline{E}_C=V$$

$$\frac{\mathrm{d}\overline{E}_C}{\mathrm{d}X_1}=\frac{1}{2EA}\left[2aX_1+4\sqrt{2}aX_1-2a(F_P-X_1)\right]=0$$

$$X_1=-\frac{1-\sqrt{2}}{2}F_P$$

则 $\overline{E}_C=(3-\sqrt{2})\frac{F_P^2\cdot a}{4EA}$

(2)若取 D 点反力作为多余未知力 X,力法基本体系如题 13-12 图解(b)所示。根据静力条件,各杆轴力为

$$F_{NAC}=F_P+X,F_{NBC}=-\sqrt{2}(F_P+X),F_{NCD}=X$$

所以余能

$$E_C(X)=\frac{1}{2EA}\left[(F_P+X)^2\cdot a+2(F_P+X)^2\cdot\sqrt{2}a+X^2\cdot a\right]$$

$$=\frac{a}{2EA}\left[(1+2\sqrt{2})(F_P+X)^2+X^2\right]$$

(3)对 $E_C(X)$ 应用余能条件。

$$\frac{\mathrm{d}E_C(X)}{\mathrm{d}X}=\frac{a}{2EA}\left[2(1+2\sqrt{2})(F_P+X)+2X)\right]=0$$

$$X=\frac{3-\sqrt{2}}{2}F_P$$

所以 $(E_C)_{\min}=(3-\sqrt{2})\frac{F_P^2a}{4EA}=\overline{E}_C$

13-13 解题过程 忽略横梁的轴向变形,当支座 A 有水平位移 Δ_1 时,如题 13-13 图解所示。则各柱顶水平位移相等,并取 Δ_1 作为基本未知量,则柱端剪力为 $3\Delta_1\frac{i}{h^2}$,柱的应变能为 $\frac{3}{2}\Delta_1^2\frac{i}{h^2}$,所以,刚架的应变能为各柱应变能之和,即

$$U=\frac{3}{2}\Delta_1^2\cdot\sum_{i=1}^{3}\frac{i_i}{h_i^2}$$

荷载势能 $U_P=-F_P\cdot\Delta_1$

则刚架的势能 E_P 为

$$E_P=U+U_P=\frac{3}{2}\Delta_1^2\sum_{i=1}^{3}\frac{i_i}{h_i^2}-F_P\Delta_1$$

应用势能偏导数定理

$$F_1=\frac{\partial E_{\mathrm{P}}}{\partial \Delta_1}=3\Delta_1\sum_{i=1}^{3}\frac{i_i}{h_i^2}-F_{\mathrm{P}}=3\Delta_1\sum_{i=1}^{3}\frac{EI_i}{h_i^3}-F_{\mathrm{P}}$$

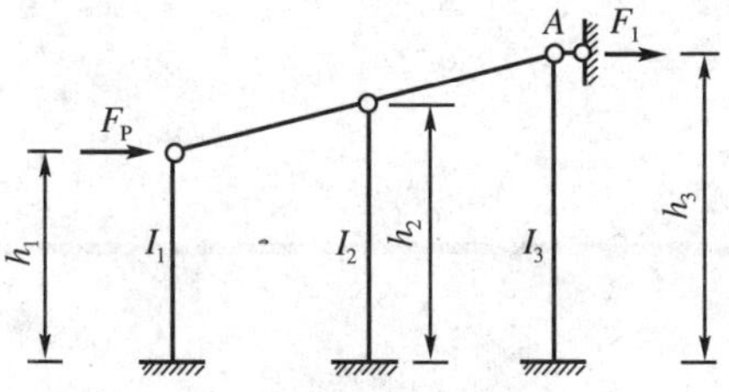

题 13-13 图

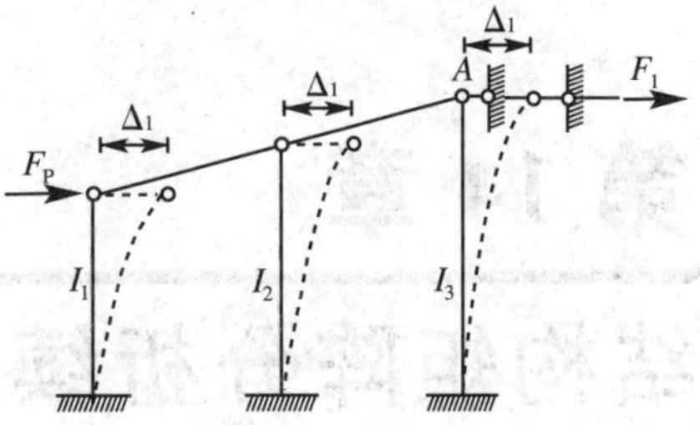

题 13-13 图解

13-14 解题过程 由题 13-14 图解可得

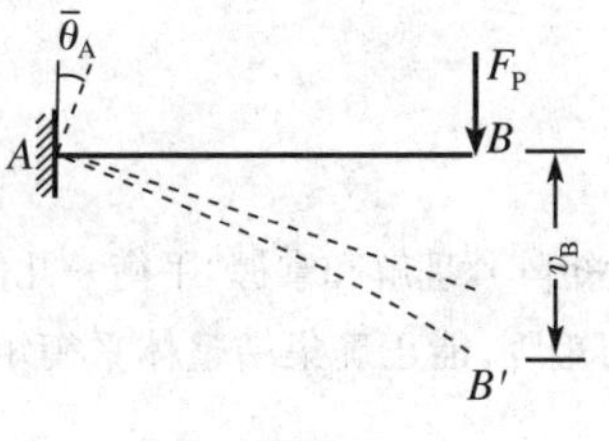

题 13-14 图

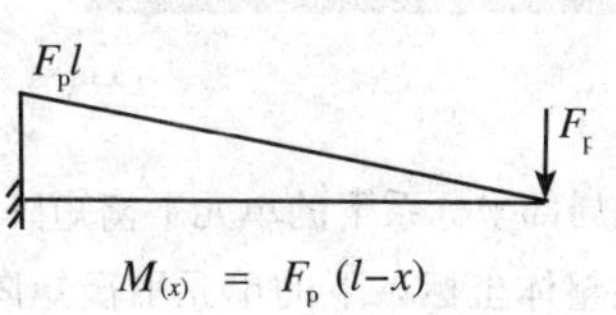

题 13-14 图解

$$V_C=\int_0^l\frac{M^2}{2EI}\mathrm{d}x=\frac{1}{2EI}\int_0^l F_{\mathrm{P}}{}^2(l-x)^2\mathrm{d}x=\frac{F_{\mathrm{P}}{}^2l^3}{6EI}$$

$$V_{Cd}=-(-F_{\mathrm{P}}\times l\theta_A)=F_{\mathrm{P}}l\theta_A$$

$$E_C=V_C+V_{Cd}=\frac{F_{\mathrm{P}}^2l^3}{6EI}+F_{\mathrm{P}}l\bar{\theta}_A$$

由余能偏导数定理得

$$v_B=\frac{\partial E_C}{\partial F_{\mathrm{P}}}=\frac{F_{\mathrm{P}}l^3}{3EI}+l\bar{\theta}_A$$

第 14 章 结构矩阵分析续论

本章知识要点概述

1. 掌握局部坐标系下的单元平衡矩阵(如单元刚度矩阵)，理解和掌握“平衡—几何”互评原理.

2. 掌握整体坐标系下的单元平衡矩阵和单元几何矩阵，能正确集结整体平衡矩阵和整体几何矩阵.

3. 会使用矩阵内力法和矩阵力法解简单的超静的结构，理解这两种方法的推倒过程.

知识点归纳

整体刚度矩阵 k 的三个新算式如下：

$$k=\begin{cases} AAG \\ HAH^{T} \\ G^{T}AG \end{cases}$$

八、矩阵内方法

1. 用于静定结构的矩阵内力法(M=N)

在静定结构中，平衡方程有 N 个，正好与基本未知量的个数 M 相等，即 $N=M$，解整体平衡矩阵 $HF_{E}=p$ 得出基本未知量内力 F_{E}

2. 用于超静定结构的矩阵内力法(M>N)

在超静定结构中，$M>N$，基本未知量的 T 数(M)多于平衡方程的 T 数(N)，因此在 M 个基本方

程中即应包含 N 个不平衡方程. 还需补充 $M-N$ 个变形相容方程.

首先,由"平衡—相等"混合方程 $MF_E=P_M$,求出基本未知量 F_E.

然后,由此反推,依次求出变形 $\wedge$ 和位移 Δ: $\wedge=BF_E$;$\Delta=(G^0)^T\wedge^0$

九、矩阵力法

矩阵力法是超静定结构内力法的简化形式,其中包含两方面的简化:一是基本未知量的简化——由内力 F_E 简化为力 F_E;二是基本方程的简化——由含 $F_{有}$ 的基本方程简化为只含 F_E 的基本方程。

计算步骤如下:

$F_E{}^0=(H^0)^{-1}P-(H^0)^{-1}H^*F_E^*=(H^0)^{-1}P-C^{0T}F_E^*$

$F^*=-\delta^{-1}\Delta p$

$\wedge=BF_E$

$\Delta=(G^0)^{-1}\wedge^0$

课后习题全解

14-1 解题过程 对于桁单元来讲,同力为轴力,外力仅有轴向力,采用局部坐标 $O\overline{x}\overline{y}$,如题 14-1 图解(a),单元两边有两个轴向力,单元桁角力向量 $\overline{F}^e=(\overline{F}_{x1}\ \overline{F}_{x2})^T$

如题 14-1 图解(b)绘出了轴力 F_N 对应的平衡桁角力系及桁角力向量表达式:$F_N(-1\quad 1)^T$.

如果单元满足平衡,则 $\overline{F}^e=(-1\ 1)^TF_N=\overline{H}^eF_N$

即单元平衡矩阵为 $\overline{H}^e=\begin{pmatrix}-1\\1\end{pmatrix}$

在轴向力作用下,单元只有轴向变形,组成单元桁角位移向量 $\overline{\Delta}^e=(\overline{u},\overline{u}_2)^T$,如题 14-1 图解(c)所示,设单元变形位移向量 $\wedge^e=(\lambda)$,λ 为轴线 12 的伸长变形,如题 14-1 图解(d)所示。

如果单元满足位移协调,则 $\wedge^e=\lambda=\overline{u}_2-\overline{u}_1=(-1\ 1)\begin{bmatrix}\overline{u}_1\\\overline{u}_2\end{bmatrix}(-1\ 1)\overline{\Delta}^e=\overline{G}^e\ \overline{\Delta}^e$

即单元几何矩阵为 $\overline{G}^e=(-1\ 1)$

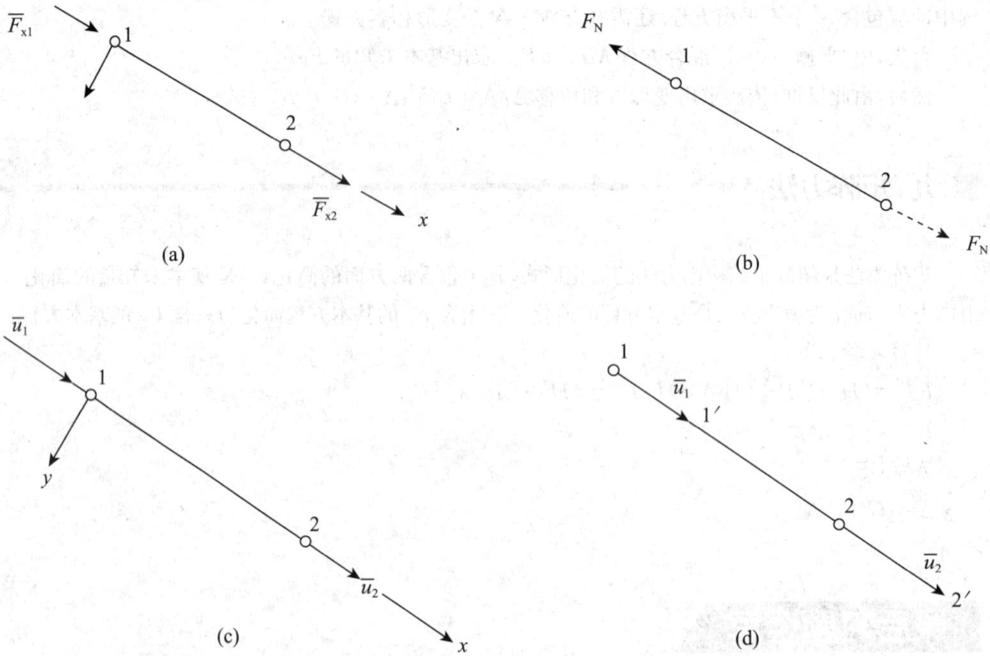

题 14-1 图解

14-2 解题过程 如果选取的内力 F_E^e 和变形 $\wedge^e$ 之间为共轭关系，则平衡矩阵 $\overline{H}^e$ 和几何矩阵 $\overline{G}^e$ 必互为转置. 桁架单元的平衡矩阵为 $(-1\ 1)^T$，几何矩阵为 $(-1\ 1)$，互为转置，即符合互伴定理.

内力匀变形共轭，即有内力功 $Wi=\wedge^{eT}F_E^e$，向外加力为 $W=\wedge^{eT}\overline{F}^e$，则 $Wi=W$，即有 $\overline{\Delta}^{eT}\overline{F}^e=\wedge^{eT}F_E^e\Rightarrow\overline{\Delta}^{eT}(\overline{H}^eF_E^e)=(\overline{\Delta}^{eT}\overline{G}^{eT})F_E^e\Rightarrow\overline{H}^e=\overline{G}^{eT}$，互为转置阵.

14-3 解题过程 将两个杆端联合考虑，得到单元杆端力的坐标变称关系，如题 14-3 图解所示。

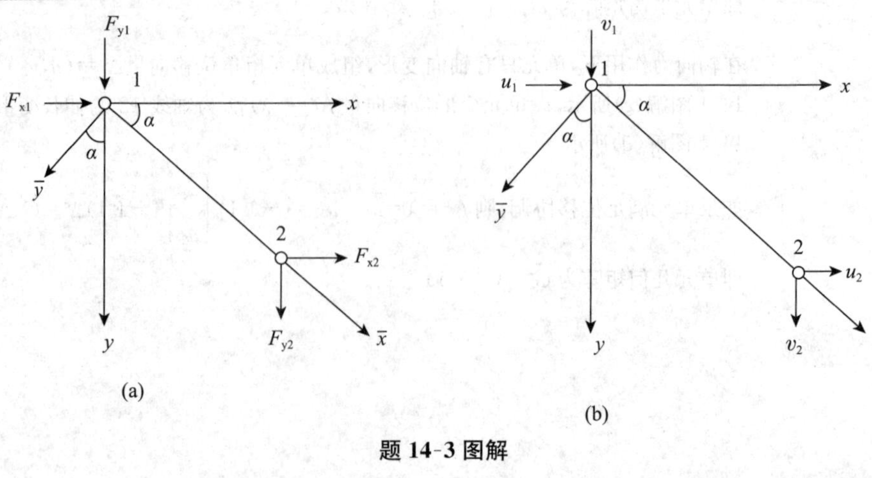

题 14-3 图解

$$T=\left[\begin{array}{ccc:ccc}\cos\alpha & \sin\alpha & 0 & & & \\ \sin\alpha & -\cos\alpha & 0 & & 0 & \\ 0 & 0 & 1 & & & \\ \hdashline & & & \cos\alpha & \sin\alpha & 0 \\ & 0 & & \sin\alpha & -\cos\alpha & 0 \\ & & & 0 & 0 & 1\end{array}\right]$$

删除第 2,3,5,6 行得到桁架的单元坐标变称矩阵：$T^e=\begin{bmatrix}\cos\alpha & 0\\ 0 & \cos\alpha\end{bmatrix}$

故单元平衡矩阵为

$$H^e=T^{e^T}\overline{H}^e=\begin{bmatrix}\cos\alpha & 0\\ 0 & \cos\alpha\end{bmatrix}\begin{pmatrix}-1\\ 1\end{pmatrix}=\begin{pmatrix}-\cos\alpha\\ \cos\alpha\end{pmatrix}=(-\cos\alpha\ \cos\alpha)$$

14-4 解题过程 由各单元平衡矩阵 H^e 的 k 端，于矩阵 $H^{(ke)}$ 集成($k=1,2$)，得到整体平衡矩阵 H

$$hij^{(ke)}\to H_{ij}\begin{cases}I=\lambda_i{}^{(ke)}\\ J=[(ke)-1]\times 3+j\end{cases}$$

其中 $\lambda_i{}^{(ke)}$ 为单元(ke)的单元定位向量中的第 i 个元素(第 i 个局部码对应的整体码). 得到桁架单元的整体平衡矩阵

$$H=\underbrace{\begin{bmatrix}-\cos\alpha & & & & \\ \cos\alpha & -\cos\alpha & & & \\ & \cos\alpha & -\cos\alpha & & \\ & & \cos\alpha & \cdot & \\ & & & \cdot & \cdot \\ & & & & \cdot\end{bmatrix}}_{M}\Bigg\}N$$

M 为单元个数，N 为整体结点自由度的总数.

同理得到(或根据平衡—几何互伴定理). 桁架的整体几何矩阵为

$$G=\underbrace{\begin{bmatrix}-\cos\alpha & \cos\alpha & & & & \\ & -\cos\alpha & \cos\alpha & & & \\ & & \cos\alpha & -\cos\alpha & & \\ & & & \cdot & \cdot & \\ & & & & \cdot & \cdot\end{bmatrix}}_{N}\Bigg\}M$$

其中 M 为单元个数，N 为整体结点自由度的总数.

14-5 解题过程 本题使用单元应变余能 V_ε^e 导出单元本构矩阵 B^e，题 14-5 图解(a)，(b)分别表示单元 12 的轴力图和剪力图。

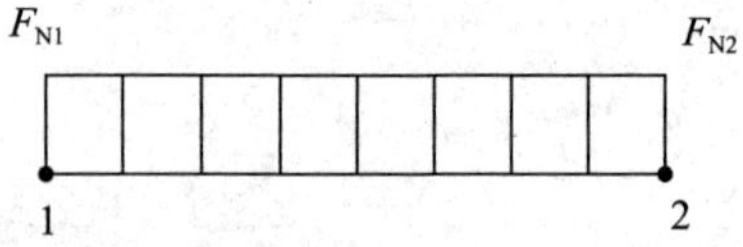

(a)F_N图

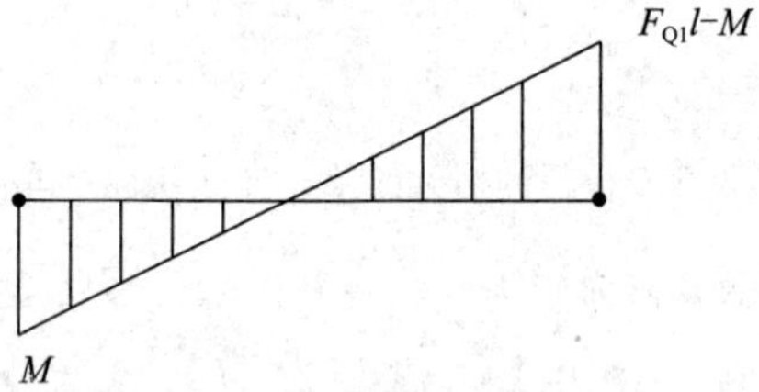

(b)

题 14-5 图解

单元应变余能 V_c^e 为

$$V_c^e=\int_0^l \frac{1}{2}\left(\frac{F_N{}^2}{EA}+\frac{M^2}{EI}\right)dx=\frac{1}{2EA}\overline{F}_N{}^2+\frac{l}{6EI}(F_Q{}^2l^2+3M^2-3F_QlM)$$

$$又V_c^e=\frac{1}{2}(F_E^e)^TB^eF_B^e=\frac{1}{2}(F_N\ F_Q\ M)B^e\begin{pmatrix}F_N\\F_Q\\M\end{pmatrix}$$

$$得\ B^e=\begin{bmatrix}\frac{l}{EA} & 0 & 0\\ 0 & \frac{l^3}{3EI} & -\frac{l^2}{2EI}\\ 0 & -\frac{l^2}{3EI} & \frac{l}{EI}\end{bmatrix}$$

单元本构方程为：$\Lambda^e=BF_E^e$，即 $\begin{pmatrix}\lambda\\ \beta_1\\ \beta_2\end{pmatrix}=\begin{bmatrix}\frac{l}{EA} & 0 & 0\\ 0 & \frac{l^3}{3EI} & -\frac{l^2}{2EI}\\ 0 & -\frac{l^2}{2EI} & \frac{l}{EI}\end{bmatrix}\begin{bmatrix}F_N\\F_Q\\M\end{bmatrix}$

整体本构方程为 $\Lambda=BF_E=\begin{pmatrix}B^{(1)} & & & \\ & B^{(2)} & & \\ & & \ddots & \\ & & & \ddots\end{pmatrix}\begin{pmatrix}F_E^{(1)}\\F_E^{(2)}\\ \vdots\\ \vdots\end{pmatrix}$

整体本构矩阵为 $\begin{pmatrix}B^{(1)} & & & \\ & B^{(2)} & & \\ & & \ddots & \\ & & & \ddots\end{pmatrix}$

14-6 解题过程 位移为 $\lambda=\frac{l}{EA}F_N$，所以桁架的单元本构矩阵为 $\left[\frac{l}{EA}\right]$

单元整体本构矩阵为 $\begin{bmatrix} \frac{l}{EA} & & & & \\ & \frac{l}{EA} & & & \\ & & \frac{l}{EA} & & \\ & & & \ddots & \\ & & & & \ddots \end{bmatrix}$

14-7 解题过程 如题 14-7 图解(a)所示为①、②单元，①单元的基本内力参量为$[F_N^{①}\ M_1^{①}\ M_2^{①}]^T$，②单元的基本内力参量为$[F_N^{②}\ M_1^{②}\ M_2^{②}]$.

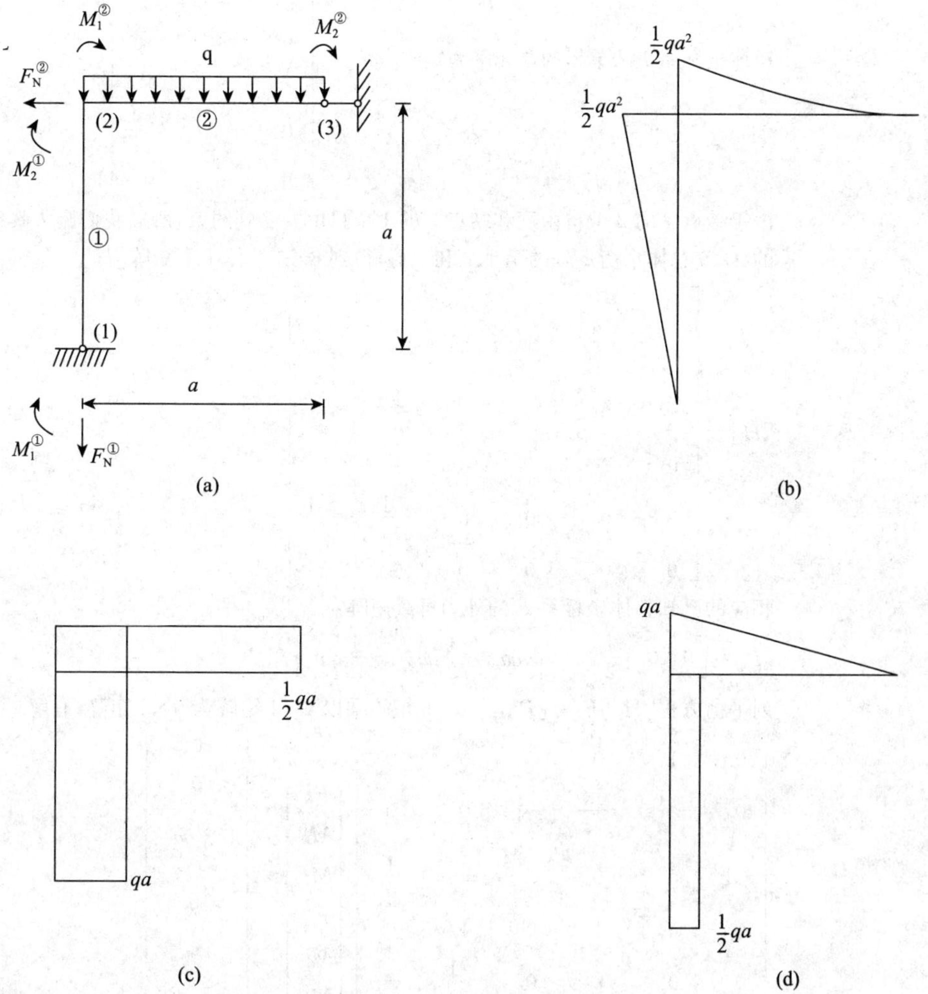

题 14-7 图解

整体坐标系 F①单元平衡矩阵$[H^1]=[T_{6\times6}^T][H^e]$

$$\begin{bmatrix} 0 & 1 & 0 & 0 & 0 & 0 \\ -1 & 0 & 0 & 0 & 0 & 0 \\ 0 & 0 & 1 & 0 & 0 & 0 \\ 0 & 0 & 0 & 0 & 1 & 0 \\ 0 & 0 & 0 & -1 & 0 & 0 \\ 0 & 0 & 0 & 0 & 0 & 1 \end{bmatrix}\begin{bmatrix} -1 & 0 & 0 \\ 0 & \frac{1}{a} & \frac{1}{a} \\ 0 & 1 & 0 \\ 1 & 0 & 0 \\ 0 & -\frac{1}{a} & -\frac{1}{a} \\ 0 & 0 & 1 \end{bmatrix}=\begin{bmatrix} 0 & \frac{1}{a} & \frac{1}{a} \\ 1 & 0 & 0 \\ 0 & 1 & 0 \\ 0 & -\frac{1}{a} & -\frac{1}{a} \\ -1 & 0 & 0 \\ 0 & 0 & 1 \end{bmatrix}$$

整体坐标系 F②单元的单元平衡矩阵 $[H^2]=\begin{bmatrix} -1 & 0 & 0 \\ 0 & \frac{1}{a} & \frac{1}{a} \\ 0 & 1 & 0 \\ 1 & 0 & 0 \\ 0 & -\frac{1}{a} & -\frac{1}{a} \\ 0 & 0 & 1 \end{bmatrix}$

由于结点 1 的 2 个自由度和结点 3 的 1 个自由度受到约束，所以我们删去集结完的 9×6 总体平衡矩阵的第 1、2 和 7 行，得到 6×6 总体平衡矩阵 $[H]$.

$$[H]=\begin{bmatrix} 0 & 1 & 0 & 0 & 0 & 0 \\ 0 & -\frac{1}{a} & -\frac{1}{a} & -1 & 0 & 0 \\ -1 & 0 & 0 & 0 & \frac{1}{a} & \frac{1}{a} \\ 0 & 0 & 1 & 0 & 1 & 0 \\ 0 & 0 & 0 & 0 & -\frac{1}{a} & -\frac{1}{a} \\ 0 & 0 & 0 & 0 & 0 & 1 \end{bmatrix}$$

相应的已知整体坐标系 F 的外力可载矩阵

$$[P]=\begin{bmatrix} 0 & 0 & \frac{1}{2}qa & \frac{1}{12}qa^2 & \frac{1}{2}qa & -\frac{1}{12}qa^2 \end{bmatrix}^T$$

列平衡方程 $[H][F]=[P]$，将 6×6 矩阵乘以 6×1 矩阵为 6×1 矩阵，有解.

$$\begin{bmatrix} 0 & 1 & 0 & 0 & 0 & 0 \\ 0 & -\frac{1}{a} & -\frac{1}{a} & -1 & 0 & 0 \\ -1 & 0 & 0 & 0 & \frac{1}{a} & \frac{1}{a} \\ 0 & 0 & 1 & 0 & 1 & 0 \\ 0 & 0 & 0 & 0 & -\frac{1}{a} & -\frac{1}{a} \\ 0 & 0 & 0 & 0 & 0 & 1 \end{bmatrix}\begin{bmatrix} F_N^{①} \\ M_1^{①} \\ M_2^{①} \\ F_N^{②} \\ M_1^{②} \\ M_2^{②} \end{bmatrix}=\begin{bmatrix} 0 \\ 0 \\ \frac{1}{2}qa \\ \frac{1}{12}qa^2 \\ \frac{1}{2}qa \\ -\frac{1}{12}qa^2 \end{bmatrix}$$

解上述矩阵得：

$$[F]=\left[-qa \quad 0 \quad \frac{qa^2}{2} \quad -\frac{qa}{2} \quad -\frac{5}{12}qa^2 \quad -\frac{1}{12}qa^2\right]^T$$

将内力作用 F 的弯矩图、轴刀图、剪刀图与外力作用下的相叠加，即得最终弯矩图、轴刀图和剪刀图，如题 14-7 图解(b)、题 14-7 图解(c)和题 14-7 图解(d)所示.

14-8 解题过程 如图(a)所示为①、②单元，①单元的基本内力参量为$[F_N^{①}\ M_1^{①}\ M_2^{①}]^T$，②单元的基本内力参量为$[F_N^{②}\ M_1^{②}\ M_2^{②}]^T$

根据约束条件获得整体坐标系 F 的总体平衡矩阵为

$$[H]=\left[\begin{array}{cccc:cc} 0 & 1 & 0 & 0 & 0 & 0 \\ 0 & -\frac{1}{a} & -\frac{1}{a} & -1 & 0 & 0 \\ -1 & 0 & 0 & 0 & \frac{1}{a} & \frac{1}{a} \\ 0 & 0 & 1 & 0 & 1 & 0 \end{array}\right]$$

整体坐标 F 的总体几何矩阵为$[G]=[H]^T$，总构方程为：

$$\begin{bmatrix} 0 & 0 & -1 & 0 \\ 1 & -\frac{1}{a} & 0 & 0 \\ 0 & -\frac{1}{a} & 0 & 1 \\ 0 & -1 & 0 & 0 \\ 0 & 0 & \frac{1}{a} & 1 \\ 0 & 0 & \frac{1}{a} & 0 \end{bmatrix}\begin{bmatrix} \theta_1^{(1)} \\ \nu_1^{(2)} \\ \nu_2^{(2)} \\ \theta_1^{(3)} \end{bmatrix}=\begin{bmatrix} \lambda_1^{①} \\ \beta_1^{①} \\ \beta_2^{①} \\ \lambda_1^{②} \\ \beta_1^{②} \\ \beta_2^{②} \end{bmatrix}$$

我们假设 $\beta_1^{③}$ 和 $\beta_2^{②}$ 为多余约束，因为这个结构属于二次超静定结构，故有

$$G^0=\begin{bmatrix} 0 & 0 & -1 & 0 \\ 1 & -\frac{1}{a} & 0 & 0 \\ 0 & -\frac{1}{a} & 0 & 1 \\ 0 & -1 & 0 & 0 \end{bmatrix} \qquad G^*=\begin{bmatrix} 0 & 0 & \frac{1}{a} & 1 \\ 0 & 0 & \frac{1}{a} & 0 \end{bmatrix}$$

因为是杆系结构，故柔度矩阵

$$[B]=\begin{bmatrix} \frac{a}{EA} & 0 & 0 & 0 & 0 & 0 \\ 0 & \frac{a}{3EI} & -\frac{a}{6EI} & 0 & 0 & 0 \\ 0 & -\frac{a}{6EI} & \frac{a}{3EI} & 0 & 0 & 0 \\ 0 & 0 & 0 & \frac{a}{EA} & 0 & 0 \\ 0 & 0 & 0 & 0 & \frac{a}{3EI} & -\frac{a}{6EI} \\ 0 & 0 & 0 & 0 & -\frac{a}{6EI} & \frac{a}{3EI} \end{bmatrix}(6\times6)$$

按照假定的多余约束 $\beta_1^{②}$ 和 $\beta_2^{②}$，我们可以得到

$$B'=\begin{bmatrix} \frac{a}{EA} & 0 & 0 & 0 \\ 0 & \frac{a}{3EI} & -\frac{a}{6EI} & 0 \\ 0 & -\frac{a}{6EI} & \frac{a}{3EI} & 0 \\ 0 & 0 & 0 & \frac{0}{EA} \end{bmatrix} \quad B^*=\begin{bmatrix} \frac{a}{3EI} & -\frac{a}{6EI} \\ -\frac{a}{6EI} & \frac{a}{3EI} \end{bmatrix}$$

集合平衡方程和几何方程，我们可得 $\begin{pmatrix} H^0 & \vdots & H^* \\ C^0B^0 & \vdots & 0B^* \end{pmatrix}\begin{pmatrix} F_E^0 \\ F_E^* \end{pmatrix}=\begin{pmatrix} P \\ (10\times1) \\ \cdots \\ 0 \\ (M-N)\times1 \end{pmatrix}$

$$\left[\begin{array}{cccc:cc} 0 & 1 & 0 & 0 & 0 & 0 \\ 0 & -\frac{1}{a} & -\frac{1}{a} & -1 & 0 & 0 \\ -1 & 0 & 0 & 0 & \frac{1}{a} & \frac{1}{a} \\ 0 & 0 & 1 & 0 & 1 & 0 \\ \hdashline -\frac{1}{EA} & -\frac{a}{6EI} & \frac{a}{3EI} & -\frac{1}{EA} & -\frac{a}{3EI} & \frac{a}{6EI} \\ -\frac{1}{EA} & 0 & 0 & 0 & \frac{a}{6EI} & -\frac{a}{3EI} \end{array}\right]\begin{bmatrix} F_N^{①} \\ M_1^{①} \\ M_2^{①} \\ F_N^{②} \\ M_1^{②} \\ M_2^{②} \end{bmatrix}=\begin{bmatrix} 0 \\ 0 \\ \frac{qa}{2} \\ \frac{1}{12}qa^2 \\ 0 \\ 0 \end{bmatrix}$$

6 个方程 6 个未知数解得：

$$F_N^{①}=-\frac{[12(EI)^3+8a^2EA(EI)^2-a^2EA]\cdot EA(a^3q)}{2[24a^2(EI)^3EA+8a^4(EA)^2(EI)^2-a^4(EA)^2+36EAEIa^2+36(EI)^2]}$$

$$=\frac{[2(EI)^2+1](3EI+a^2EA)(a^3qEA)}{6[24a^2(EI^2)EA+8a^4(EA)^2(EI)^2-a^4(EA)^2+36EAEIa^2+36(EI)^2]}$$

$M_1^{①}=0$

$$M_2^{\text{①}}=\frac{3a^4[2(EI)^2+1]EAEIq}{[24a^2(EI)^3EA+8a^4(EA)^2(EI)^2-a^4(EA)^2+36EAEIa^2+36(EI)^2]}$$
$$+\frac{[4a^2EA(EI)^2-a^2EA+12(EI)^3+24[I]-EAa^4q]}{12[24a^2(EI)^3EA+8a^4(EA)^2(EI)^2-a^4(EA)^2+36EAEIa^2+36(EI)^2]}$$

$$F_N^{\text{②}}=\frac{3EA[2(EI)^2+1]-EI-a^3q}{[24a^2(EI)^2EA+8a^4(EA)^2(EI)^2-a^4(EA)^2+36EAEIa^2+36(EI)^2]}$$
$$-\frac{[4A^2EA(EI)^2-a^2EA+12(EI)^3+24EI]EAa^4q}{12[24a^2(EI)^3EA+8a^4(EA)^2(EI)^2-a^4(EA)^2+36EAEIa^2+36(EI)^2]}$$

$$M_1^{\text{②}}=\frac{3a^4[2(EI)^2+1]EAEIq}{[24a^2(EI)^3EA+8a^4(EA)^2(EI)^2-a^4(EA)^2+36EAEIa^2+36(EI)^2]}$$
$$+\frac{[3a^2EA(EI)^2+a^4(EA)^2EI+9EI+3a^2EA]\cdot EI\cdot qa^2}{3[24a^2(EI)^2EA+8a^4(EA)^2(EI)^2-a^4(EA)^2+36EAEIa^2+36(EI)^2]}$$

$$M_2^{\text{①}}=\frac{3[6EI+5a^2EA]EIa^2q}{[24a^2(EI)^3EA+8a^4(EA)^2(EI)^2-a^4(EA)^2+36EAEIa^2+36(EI)^2]}$$
$$+\frac{[3EI+a^2EA](-6EI+a^2EA)-qa^2}{6[24a^2(EI)^3EA+8a^4(EA)^2(EI)^2-a^4(EA)^2+36EAEIa^2+36(EI)^2]}$$

注意:此答案为确解,分母部分大参数都相同(考虑)轴向变形和弯曲变形。

若 $EI=1,EA=1,q=1,a=1$ 时$[F_N^{\text{①}}\ M_1^{\text{①}}\ M_2^{\text{①}}\ F_N^{\text{②}}\ M_1^{\text{①}}\ M_1^{\text{②}}]=[-0.0728\quad 0\quad -0.0558\quad 0.0558\quad 0.1392\quad 0.2880]^T$

14-9 解题过程 矩阵力法实际是从矩阵内力法变形而来的,基本内力参量如题 14-9 图解所示。

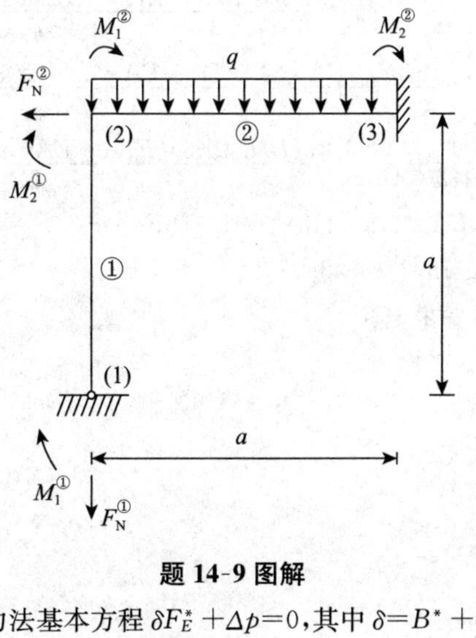

题 14-9 图解

建立矩阵力法基本方程 $\delta F_E^*+\Delta p=0$,其中 $\delta=B^*+C^0B^0C^{0T}$

$\Delta p=-C^0B^0(H^0)^{-1}p$,如下展开得:

$$\delta=\begin{bmatrix}\frac{2a}{3EI}+\frac{2}{EA\cdot a} & -\frac{a}{6EI}+\frac{1}{EA}\cdot a\\ -\frac{a}{6EI}+\frac{1}{EA}\cdot a & \frac{a}{3EI}+\frac{1}{EA}\cdot a\end{bmatrix}$$

$$\Delta_p=\begin{bmatrix}\frac{1}{2EA}+\frac{a}{36EI}+\frac{1}{12EA\cdot a}\\ \frac{1}{2EA}\end{bmatrix}$$

令 $Y=8A^4(EA)^2(EI)^2+24(EI)^3EA\cdot a^2-a^4(EA)^2+36EAEIa^2+36(EI)^2$

$$Z=\left(\frac{1}{2EA}+\frac{a}{36EI}+\frac{1}{12EAa}\right)$$

解得:

$$F_E^*=\begin{bmatrix}M_1^{②}\\ M_2^{②}\end{bmatrix}=\begin{bmatrix}\frac{12(a^2EIEA+3)(EI)^2EA\cdot aZ+3(a^2EA-6EI)\cdot EIa}{r}\\ \frac{6(a^2EA-6EI)\cdot EI\cdot EA\cdot aZ+12(a^2EA+3EI)\cdot EIa}{r}\end{bmatrix}$$

根据 $F_E^0=(H^0)^{-1}P-C^{0T}F_E^*$ 得:

$$F_E^0=\begin{bmatrix}F_N^{①}\\ M_1^{①}\\ M_2^{①}\\ F_N^{②}\end{bmatrix}$$

$$=\begin{bmatrix}-\frac{1}{2}+\frac{1}{a}\begin{bmatrix}\frac{12(a^3EI-EA+3)(EI)^2\cdot EA\cdot a\cdot Z+3(a^2EA-6EI)}{Y}\\ \frac{EIa+6(a^2EA-6EI)\cdot EIEAaZ+12(a^2EA3EI)\cdot EI\cdot a}{Y}\end{bmatrix}\\ \frac{1}{12}-\frac{12(a^2EIEA+3)(EI)^2\cdot EA\cdot aZ+3(a^2EA-6EI)EIa}{Y}\\ -\frac{1}{12a}+\frac{1}{a}\left[\frac{12(a^2EIEA+3)(EI)^2\cdot EA\cdot aZ+3(a^2EA-6EI)\cdot EIa}{Y}\right]\end{bmatrix}$$

当 $EI=1,EA=1,q=1,a=1$ 时,有 $[F_E^0 \vdots F_E^*]^T=[-0.0728\quad 0\quad -0.0558\quad -0.0558\quad 0.1392\quad 0.2880]^T$

与题 14-8 结果一致.

第 15 章

结构动力计算续论

本章知识要点概述

1. 了解多自由度体系自由振动刚度法和柔度法的求解过程。
2. 熟练掌握两个自由度体系的自振频率、主振型确定的计算公式。
3. 理解主振型的两个正交关系。
4. 了解能量法求解结构体系自振频率近似解的基本原理和方法。

知识点归纳

一、多自由度体系的自由振动

1. 刚度法

自由振动微分方程组为

$$\left.\begin{aligned} &m_1\ddot{y}_1+k_{11}y_1+k_{12}y_2+\cdots+k_{1n}y_n=0\\ &m_2\ddot{y}_2+k_{21}y_1+k_{22}y_2+\cdots+k_{2n}y_n=0\\ &\cdots\cdots\cdots\cdots\\ &m_n\ddot{y}_1+k_{n1}y_1+k_{n2}y_2+\cdots+k_{nn}y_n=0 \end{aligned}\right\}$$

频率方程为 $|\boldsymbol{K}-\omega^2\boldsymbol{M}|=0$

2. 柔度法

频率方程为 $|\boldsymbol{\delta M}-\lambda \boldsymbol{I}|=0$

二、自由度体系主振型的正交性和主振型矩阵

1. 主振型的正交性

第一个正交关系为 $Y^{(l)\mathrm{T}}\boldsymbol{M}\boldsymbol{Y}^{(k)}=0$

第二个正交关系为 $Y^{(l)\mathrm{T}}\boldsymbol{K}\boldsymbol{Y}^{(k)}=0$

主振型的正交关系可以用来判断主振型的形状特点、确定位移展开公式中的系数。

2. 主振型的矩阵

主振型矩阵为

$$Y(Y^{(1)}Y^{(2)}\cdots Y^{(n)})=\begin{bmatrix} Y_{11} & Y_{12} & \cdots & Y_{1n} \\ Y_{21} & Y_{22} & \cdots & Y_{2n} \\ \vdots & \vdots & \vdots & \vdots \\ Y_{n1} & Y_{n2} & \cdots & Y_{nn} \end{bmatrix}$$

当 $\boldsymbol{M}$ 和 $\boldsymbol{K}$ 为非对角矩阵时，如果前乘以 $\boldsymbol{Y}^{\mathrm{T}}$，后乘以 $\boldsymbol{Y}$，则可使它们转变为对角矩阵 $\boldsymbol{M}^*$ 和 $\boldsymbol{K}^*$。

三、多自由度体系的强迫振动

1. n 个自由度体系在简谐荷载下的强迫振动

振动方程为 $(\boldsymbol{K}-\boldsymbol{\theta}^2\boldsymbol{M})\boldsymbol{Y}=F_{\mathrm{P}}$

当荷载频率 θ 与体系的自振频率中的任一个 ω_i 相等时，就可能出现共振现象。

2. 多自由度体系在一般动荷载下的强迫振动

在正则坐标下振动方程为

$$\ddot{\eta}_i(t)+\omega_i^2\eta_i(t)=\frac{1}{M}F_i(t) \quad (i=1,2\cdots,n)$$

解为 $$\eta_i(t)=\eta_i(0)\cos\omega_i t+\frac{\dot{\eta}_i(0)}{\omega_i}\sin\omega_i t+\frac{1}{M_i\omega_i}\int_0^t F_i(\tau)\sin\omega_i(t-\tau)\mathrm{d}\tau$$

四、无限自由度体系的自由振动

以等截面梁弯曲时为例，其自由振动微分方程为

$$EI\frac{\partial^4 y}{\partial x^4}+\bar{m}\frac{\partial^2 y}{\partial t^2}=0$$

解为 $$y(x,t)=\sum_{n=1}^{\infty}a_n Y_n(x)\sin(\omega_n t+\alpha_n)$$

五、近似法求自然频率

1. 能量法求第一频率——瑞利(Rayleigh)法

一个无阻尼的弹性体系自由振动时，它在任一时刻的总能量(应变能与动能之和)应当保持不变。

自振频率计算公式 $\omega^2 = \dfrac{\int_0^l EI[Y''(x)]^2 \mathrm{d}x}{\int_0^l \overline{m}[Y(x)]^2 \mathrm{d}x + \sum\limits_i m_i Y_i^2}$

2. 能量法求最初几个频率——瑞利—里兹(Rayleigh—Ritz)法

频率计算公式 $|\boldsymbol{k} - \omega^2 \boldsymbol{m}| = \boldsymbol{0}$

3. 集中质量法

把体系中的分布质量换成集中质量，则体系即由无限自由度换成单自由度或多自由度，从而简化自振频率计算。

六、矩阵位移法求刚架的自振频率

将刚架分成有限个单元，求出各单元 E_P^e，叠加后得刚架的泛函 E_P。

$$E_P = \sum_e E_P^e$$

根据 E_P 为驻值的条件求 Δ 的非零解，由此得刚架频率。

单元的泛函 $E_P^e = \dfrac{1}{2}\boldsymbol{\Delta}^{e}\mathrm{T}(\boldsymbol{k}^e - \omega^2 \boldsymbol{m}^e)\boldsymbol{\Delta}^e$

刚架的泛函 $E_P = \sum\limits_e E_P^e = \dfrac{1}{2}\sum\limits_e \boldsymbol{\Delta}^{e\mathrm{T}}(\boldsymbol{k}^e - \omega^2 \boldsymbol{m}^e)\boldsymbol{\Delta}^e$

驻值条件和频率方程
$$(\boldsymbol{K} - \omega^2 \boldsymbol{M})\Delta = 0$$
$$|\boldsymbol{K} - \omega^2 \boldsymbol{M}| = 0$$

典型例题与解题技巧

例 1 试求例 15-1 图(a)所示体系的最大动位移图和最大动内力图。已知 $\theta = 0.6$，$\omega_1 = 3.4152\sqrt{\dfrac{EI}{ml^3}}$，$m_1 = m_2 = m$，$EI =$ 常数。

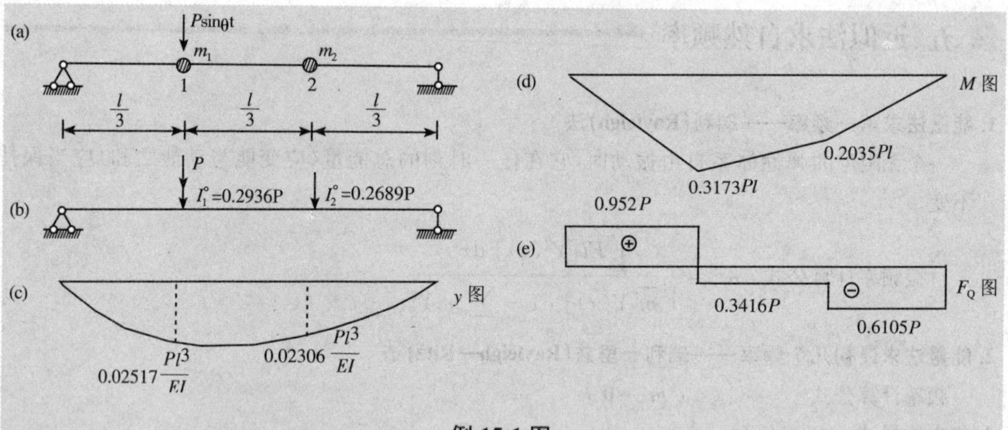

例 15-1 图

解题过程 设以 $I_1{}^\circ$、$I_2{}^\circ$分别代表质量 m_1、m_2 的惯性力幅值，则可写出其典型方程为

$$\left(\delta_{11}-\frac{1}{m_1\theta^2}\right)I_1{}^\circ+\delta_{12}I_2{}^\circ+\Delta_{1P}=0$$

$$\delta_{21}I_1{}^\circ+\left(\delta_{22}-\frac{1}{m_2\theta^2}\right)I_2{}^\circ+\Delta_{2P}=0$$

式中柔度系数 δ_{ij} 和自由项 Δ_{iP} 可利用图乘法求解

$$\delta_{11}=\delta_{22}=\frac{8l^3}{486EI},\delta_{12}=\delta_{21}=\frac{7l^3}{486EI}$$

$$\Delta_{1P}=\frac{8Pl^3}{486EI},\Delta_{2P}=\frac{7Pl^3}{486EI}$$

此外 $$m_1\theta^2=m_2\theta^2=m\times(3.4152)^2\frac{EI}{ml^3}=11.6636\frac{EI}{l^3}$$

将上述数值代入典型方程，化简后得

$$-0.06928I_1{}^\circ+0.01440I_2{}^\circ+0.01646P=0$$

$$0.01440I_1{}^\circ-0.06928I_2{}^\circ+0.01440P=0$$

解得 $I_1{}^\circ=0.2936P,I_2{}^\circ=0.2689P$

将 $I_1{}^\circ$、$I_2{}^\circ$和 P 作用在结构上，如例 15-1 图(b)所示，然后按静力计算方法可求得

$$y_1^0=1.2936P\times\frac{8l^3}{486EI}+0.2689P\times\frac{7l^3}{486EI}=0.02517\frac{Pl^3}{EI}$$

$$y_2^0=1.2936P\times\frac{7l^3}{486EI}+0.2689P\times\frac{8l^3}{486EI}=0.02306\frac{Pl^3}{EI}$$

最大动位移图如例 15-1 图(c)所示。同理，可求得最大动内力图，如例 15-1 图(d)、(e)所示。

算得截面 1 处动荷幅值所产出的静力值分别为

$$y_1=\frac{8Pl^3}{486EI}=0.01646\frac{Pl^3}{EI},M_1=\frac{2Pl}{9},F_Q^L=\frac{2}{3}P$$

相应的动力系数为

$$\beta_1^y = 1.5292, \beta_1^M = 1.4279, \beta_1^Q = 1.4280$$

由此可见，在多自由度体系中没有一个统一的动力系数，所以与单自由度体系是不相同的。

课后习题全解

15-1 解题过程 受力分析如题 15-1 图解所示。

先求柔度系数

$$EI\delta_{11} = \frac{1}{2}\times 3\times 2.571\times\frac{2}{3}\times 2.571+\frac{1}{2}\times 6\times 2.571\times\left(\frac{2}{3}\times 2.571-\frac{1}{3}\times 3.429\right)+\frac{1}{2}\times 6\times 3.429\times\left(\frac{2}{3}\times 3.429-\frac{1}{3}\times 2.571\right)$$

$$=6.6100+4.404+14.700=25.714$$

$$EI\delta_{12}=EI\delta_{21}=\frac{1}{2}\times 6\times 0.642\times\left(\frac{2}{3}\times 2.571-\frac{1}{3}\times 3.429\right)+\frac{1}{2}\times 6\times 2.358\times\left(\frac{2}{3}\times 3.429-\frac{1}{3}\times 2.571\right)+\frac{1}{2}\times 6\times 1.5\times\left(\frac{1}{2}\times 2.571-\frac{1}{2}\times 3.429\right)+\frac{1}{2}\times 3\times 2.571\times\frac{2}{3}\times 0.642=10.929$$

$$EI\delta_{22}=\frac{1}{2}\times 3\times 0.642\times\frac{2}{3}\times 0.642+3\times 0.642\times 0.642+\frac{1}{2}\times 3\times 2.358\times\left(\frac{2}{3}\times 2.358-\frac{1}{3}\times 0.642\right)+\frac{1}{2}\times 3\times 0.642\times\left(\frac{2}{3}-\frac{1}{3}\times 2.358\right)=6.11$$

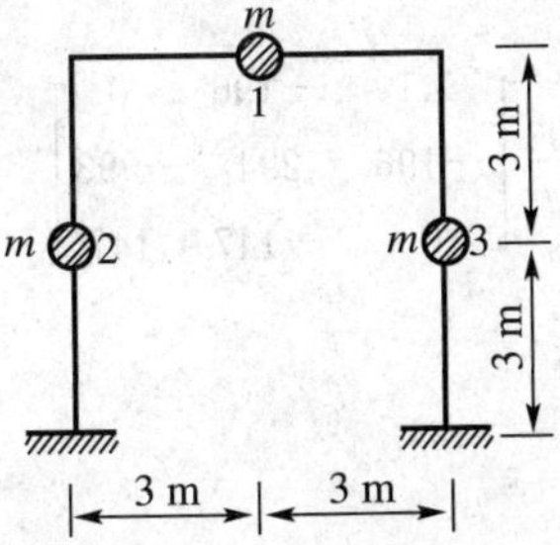

题 15-1 图

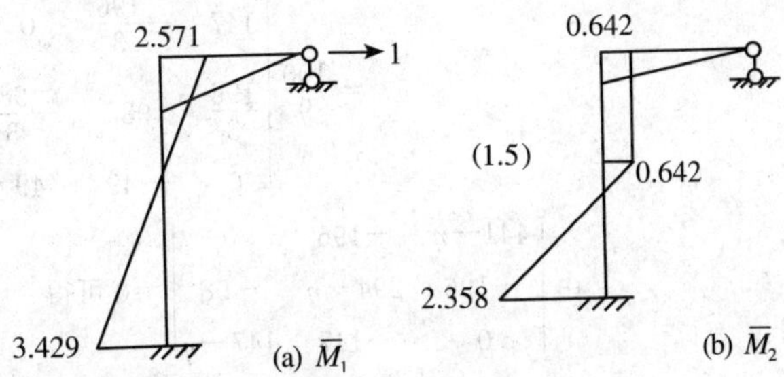

题 15-1 图解

$$\boldsymbol{\delta}=\frac{1}{EI}\begin{bmatrix}25.714 & 10.929\\ 10.929 & 6.11\end{bmatrix}, \boldsymbol{M}=\begin{bmatrix}\frac{1}{2} & & \\ & \cdots & \\ & & 1\end{bmatrix}\times m$$

由$|\boldsymbol{\delta M}-\lambda \boldsymbol{I}|=0$，可得$\omega_1=0.24\sqrt{\frac{EI}{m}}$，$\omega_2=0.77\sqrt{\frac{EI}{m}}$

第一频率为$0.24\sqrt{\frac{EI}{m}}$，振型为$Y_{11}:Y_{21}:Y_{31}=1:0.46:0.46$

15-2 解题过程 采用刚度法求解。

(1)$\boldsymbol{K}$

$$\boldsymbol{K}=\begin{bmatrix} k_1+k_2 & -k_2 & 0 \\ -k_2 & k_2+k_3 & -k_3 \\ 0 & -k_3 & k_3 \end{bmatrix}$$

$$=\begin{bmatrix} 441 & -196 & 0 \\ -196 & 294 & -98 \\ 0 & -98 & 98 \end{bmatrix}\times 10^6\ \text{N/m}$$

$$\boldsymbol{M}=\begin{bmatrix} m_1 & & \\ & m_2 & \\ & & m_3 \end{bmatrix}=\begin{bmatrix} 270 & & \\ & 270 & \\ & & 180 \end{bmatrix}\times 10^3\ \text{kg}$$

$$=\begin{bmatrix} 3 & & \\ & 3 & \\ & & 2 \end{bmatrix}\times 9\times 10^4\ \text{kg}$$

(2)振动控制方程为$\boldsymbol{KY}=\omega^2\boldsymbol{MY}\Rightarrow \boldsymbol{M}^{-1}\boldsymbol{KY}=\omega^2\boldsymbol{Y}$

$$\boldsymbol{M}^{-1}\boldsymbol{K}=\frac{1}{9}\times 10^{-4}\times\begin{bmatrix} \frac{1}{3} & & \\ & \frac{1}{3} & \\ & & \frac{1}{2} \end{bmatrix}\times 10^6\times\begin{bmatrix} 441 & -196 & 0 \\ -196 & 294 & -98 \\ 0 & -98 & 98 \end{bmatrix}$$

$$=\frac{100}{9}\begin{bmatrix} 147 & -\frac{196}{3} & 0 \\ \frac{196}{3} & 98 & -\frac{98}{3} \\ 0 & -49 & 49 \end{bmatrix}=\frac{100}{27}\begin{bmatrix} 441 & -196 & 0 \\ -196 & 294 & -98 \\ 0 & -147 & 147 \end{bmatrix}$$

由$\begin{vmatrix} 441-\eta & -196 & 0 \\ -196 & 294-\eta & -98 \\ 0 & -147 & 147-\eta \end{vmatrix}=0$可得

$$\eta_1=49,\eta_2=245,\eta_3=588$$

$$\omega_1=\sqrt{\frac{100}{27}\times\eta_1}=\sqrt{\frac{100}{27}\times 49}=13.472\text{s}^{-1},\omega_2=30.123\text{s}^{-1},\omega_3=46.667\text{s}^{-1}$$

$\boldsymbol{Y}^{(1)}=(0.267\ 3,0.534\ 5,0.801\ 8)^{\text{T}}$，即$\boldsymbol{Y}^{(1)}=(0.333,0.667,1.000)^{\text{T}}$

$\mathbf{Y}^{(2)}=(-0.4851, 0.4851, 0.8018)^{\mathrm{T}}$，即 $\mathbf{Y}^{(2)}=(-0.667, -0.667, 1.000)^{\mathrm{T}}$

$\mathbf{Y}^{(3)}=(0.7845, 0.5883, -0.1961)^{\mathrm{T}}$，即 $\mathbf{Y}^{(3)}=(4.001, 3.000, 1.000)^{\mathrm{T}}$

15-3 解题过程　由题 15-2 可知

$$\boldsymbol{K}=\begin{bmatrix} 98 & -98 & 0 \\ -98 & 294 & -196 \\ 0 & -196 & 441 \end{bmatrix}\times 10^6\ \mathrm{N/m}$$

且 $$\theta=\frac{200\times 2\pi}{60}=20.944\ \mathrm{s}^{-1}$$

所以 $$\theta^2 m_1=78.957\times 10^6, \theta^2 m_2=\theta^2 m_3=118.436\times 10^6$$

则 $$\boldsymbol{K}-\theta^2\boldsymbol{M}=\begin{bmatrix} 19.043 & -98 & 0 \\ -98 & 175.564 & -196 \\ 0 & -196 & 322.564 \end{bmatrix}\times 10^6$$

又荷载振幅向量为　$\boldsymbol{F}_{\mathrm{P}}=(0\quad 20\quad 0)^T\ \mathrm{kN}$

解方程　$(\boldsymbol{K}-\theta^2\boldsymbol{M})\{Y\}=\{\boldsymbol{F}_{\mathrm{P}}\}$

所以振幅向量为　$Y=(-0.2298\quad -0.0447\quad -0.0271)^T\ mm$

15-4 解题过程　(1)由题 10-23 知

$$\omega_1=9.885\mathrm{s}^{-1}, \omega_2=923.179\mathrm{s}^{-1}$$

$$Y=\begin{bmatrix} -0.4715 & 0.8416 \\ 0.8819 & -0.54 \end{bmatrix}$$

$$\boldsymbol{K}=\begin{bmatrix} 51 & -21 \\ -21 & 21 \end{bmatrix}\times 10^6\ \mathrm{N/m}, \theta=15.708\ \mathrm{s}^{-1}$$

$$\boldsymbol{M}^*=\boldsymbol{Y}^{\mathrm{T}}MY=\begin{bmatrix} 104.5 & 0 \\ 0 & 114.2 \end{bmatrix}\times 10^3\ \mathrm{kg}$$

$$\boldsymbol{K}^*=\boldsymbol{Y}^{\mathrm{T}}KY=\begin{bmatrix} 10.206 & 0 \\ 0 & 61.34 \end{bmatrix}\times 10^6\ \mathrm{kN/m}$$

$$\boldsymbol{F}_{\mathrm{P}}=\boldsymbol{Y}^T F_{\mathrm{P}}^0=\begin{bmatrix} 4.4095 \\ -2.700 \end{bmatrix}\ \mathrm{kN}$$

采用动力放大系数法解解耦后的动力方程为

$$\eta_1=\frac{F_{\mathrm{P1}}}{k_1}\times\frac{1}{1-\left(\frac{\theta}{\omega_1}\right)^2}=\frac{4.4095}{10.206}\times\frac{1}{1-\left(\frac{15.708}{9.855}\right)^2}=-0.2833\ \mathrm{mm}$$

同理 $$\eta_2=-0.0814\ \mathrm{mm}$$

$$\eta_1(t)=-0.2833\sin\theta t, \eta_2(t)=-0.0814\sin\theta t$$

$$y(t)=Y\eta(t)=\begin{bmatrix}0.4715 & 0.8416\\0.8819 & -0.54\end{bmatrix}\begin{bmatrix}-0.2833\\-0.0814\end{bmatrix}\sin\theta t$$

$$=\begin{bmatrix}-0.202\\-0.206\end{bmatrix}\sin\theta t$$

所以,振幅向量为 $\boldsymbol{Y}=[-0.202,-0.206]^{\mathrm{T}}$ mm

15-5 解题过程

$$\boldsymbol{Y}=\begin{bmatrix}0.4715 & 0.8416\\0.8819 & -0.54\end{bmatrix}$$

$$M_1=104.5t, M_2=114.2t$$

$$K_1=10.206\times10^6\ \mathrm{N/m}, K_2=61.34\times10^6\ \mathrm{N/m}$$

广义荷载

$$F_1(t)=\{\boldsymbol{Y}\}^{(1)T}\{F_{\mathrm{P}}(t)\}=[0.4715,0.8819]\begin{bmatrix}0\\F_{\mathrm{P2}}(t)\end{bmatrix}$$

$$=0.8819F_{\mathrm{P2}}(t)$$

$$F_2(t)=\{\boldsymbol{Y}\}^{(2)T}\{F_{\mathrm{P}}(t)\}=-0.54F_{\mathrm{P2}}(t)$$

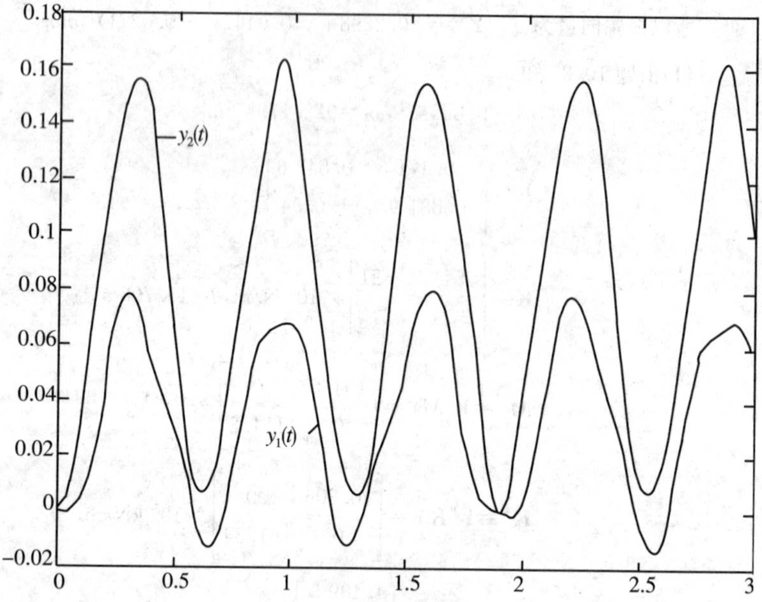

题 15-5 图解

求正则坐标

$$\eta_1(t)=\frac{1}{M_1\omega_1}\int_0^t F_{\mathrm{P2}}(\tau)\sin\omega_1(t-\tau)\mathrm{d}\tau$$

$$=\frac{0.8819}{M_1\omega_1}\int_0^t F_{\mathrm{P}}\sin\omega_1(t-\tau)\mathrm{d}\tau$$

$$=0.8819\frac{F_{\mathrm{P}}}{M_1\omega_1^2}(1-\cos\omega_1 t)$$

$$\eta_2(t)=\frac{1}{M_2\omega_2}\int_0^t F_{P2}(\tau)\sin\omega_2(t-\tau)\mathrm{d}\tau$$

$$=-0.54\frac{F_P}{M_2\omega_2{}^2}(1-\cos\omega_2 t)$$

求质点位移

$$y_1(t)=0.4715\ \eta_2(t)+0.8416\eta_2(t)$$

$$=0.0407\ F_P[(1-\cos\omega_1 t)-0.1820(1-\cos\omega_2 t)]$$

$$y_2(t)=0.0762\ F_P[(1-\cos\omega_1 t)+0.0624(1-\cos\omega_2 t)]$$

位移图如题 15-5 图解所示($t\in[0,3]$)。

当 $t=t_1=1.6075$ s 时,$y_{1\max}=0.0800\ F_P$mm

当 $t=t_2=0.9523$ s 时,$y_{1\max}=0.0800\ F_P$mm

而柱端弯矩幅值

$$M_{A\max}=\frac{3}{2}i_1\times Y_{1\max}=\frac{3}{2}\times 20\times 0.0800\ F_P=2.4F_P(\mathrm{kN\cdot m})$$

$$y_1(t)=1-\cos\omega_1 t+0.182(1-\cos\omega_2 t)$$

$$y_2(t)=1-\cos\omega_1 t+0.0624(1-\cos\omega_2 t)$$

15-6 解题过程 由题 15-6 图解可知

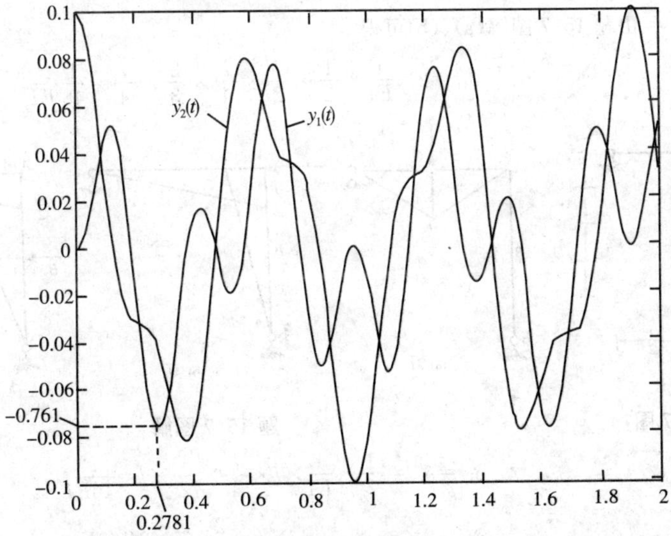

题 15-6 图解

$$Y=\begin{bmatrix}0.4715 & 0.8416\\ 0.8819 & -0.54\end{bmatrix}$$

$$M_1=104.5t,M_2=114.2t$$

$$\omega_1=9.885\ \mathrm{s}^{-1},\omega_2=23.179\mathrm{s}^{-1}$$

$$\eta_1(0)=\frac{\boldsymbol{Y}^{(1)\mathrm{T}}\boldsymbol{M}y(0)}{M_1}$$

$$=\frac{[0.471\,5,0.881\,9]\begin{bmatrix}120 & \\ & 100\end{bmatrix}\begin{bmatrix}0\\0.1\end{bmatrix}}{104.5}=0.084\text{ cm}$$

$$\eta_2(0)=\frac{\boldsymbol{Y}^{(2)\mathrm{T}}\boldsymbol{M}y(0)}{M_2}=-0.047\,3\text{ cm}$$

即
$$\eta_1(t)=0.084\,4\cos\omega_1 t\text{ cm},\eta_2(t)=0.047\,3\cos\omega_2 t\text{ cm}$$

$$y_1(t)=0.471\,5\ \eta_1(t)+0.841\,6\eta_2(t)$$
$$=0.039\,8(\cos\omega_1 t-\cos\omega_2 t)$$
$$y_2(t)=0.881\,9\ \eta_1(t)-0.541\,6\eta_2(t)$$
$$=0.074\,4\cos\omega_1 t+0.025\,5\cos\omega_2 t$$

位移图如题 15-6 图解所示（$t\in[0,2]$）。

当 $t=t_1=0.278\,1$ s 时，$y_{1\max}=-0.076\,1$ cm

当 $t=t_2=0$ 时，$y_{2\max}=-0.1$ cm

而柱端弯矩幅值为

$$M_{A\max}=\frac{3}{2}i_1\times y_{1\max}=\frac{3}{2}\times20\times0.076\,1=22.83\text{ kN}\cdot\text{m}$$

15-7 解题过程 (1)求 δ

由题 15-7 图解(a)、(b)可得

$$\delta_{11}=2\times\frac{1}{EI}\times\frac{1}{2}\times\frac{l}{2}\times\frac{l}{4}\times\frac{2}{3}\times\frac{l}{4}=\frac{1}{48}\frac{l^3}{EI}$$

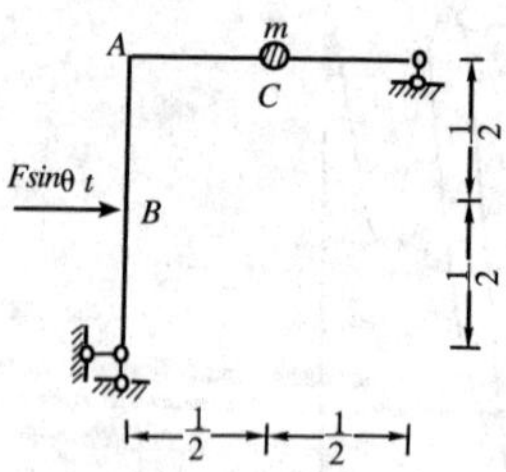

题 15-7 图

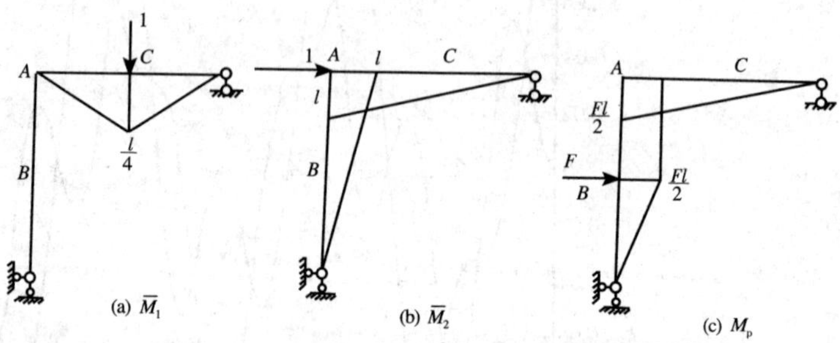

题 15-7 图解

$$\delta_{12}=\delta_{21}=\frac{1}{2}\times\frac{1}{EI}\times l\times\frac{l}{4}\times\frac{1}{2}\times l=\frac{l^3}{16EI}$$

$$\delta_{22}=2\times\frac{1}{EI}\times\frac{1}{2}\times l\times l\times\frac{2}{3}\times l=2l^3/3EI$$

(2)求 Δ_{1P}、Δ_{2P}

$$\Delta_{1P}=\frac{1}{EI}\times\frac{1}{2}\times l\times\frac{l}{4}\times\frac{1}{2}\times\frac{Fl}{2}=\frac{Fl^3}{32EI}$$

$$\Delta_{2P}=\frac{1}{EI}\times\frac{1}{2}\times l\times l\times\frac{2}{3}\frac{Fl}{2}+\frac{1}{EI}\times\frac{1}{2}\times\frac{l}{2}\times(l+\frac{l}{2})\times$$
$$\frac{Fl}{2}+\frac{1}{EI}\times\frac{1}{2}\times\frac{l}{2}\times\frac{l}{2}\times\frac{2}{3}\times\frac{Fl}{2}=\frac{19}{48}\frac{l^3F}{EI}$$

(3)求 I_1、I_2

由 $\theta^2=\dfrac{12EI}{ml^3}$，得 $m\theta^2=\dfrac{12EI}{l^3}$

代入求惯性幅值公式，则

$$\begin{cases}(\delta_{11}-\dfrac{1}{m\theta^2})I_1+\delta_{12}I_2+\Delta_{1P}=0\\ (\delta_{21}I_1+(\delta_{22}-\dfrac{1}{m\theta^2})I_2+\Delta_{2P}=0\end{cases}$$

得 $$I_1=-0.16F,I_2=-0.66F$$

$$M_A=-0.66Fl+0.5Fl=-0.16Fl(\text{上部受拉})$$

$$M_B=-0.66\times\frac{1}{2}\times Fl+0.5Fl=0.17Fl(\text{右部受拉})$$

$$M_C=-\frac{1}{4}\times(-0.16)Fl+\frac{1}{2}\times(-0.66)Fl+\frac{1}{4}Fl$$

$$=-0.12Fl(\text{上部受拉})$$

15-8 解题过程 (1)求 δ_{ij}

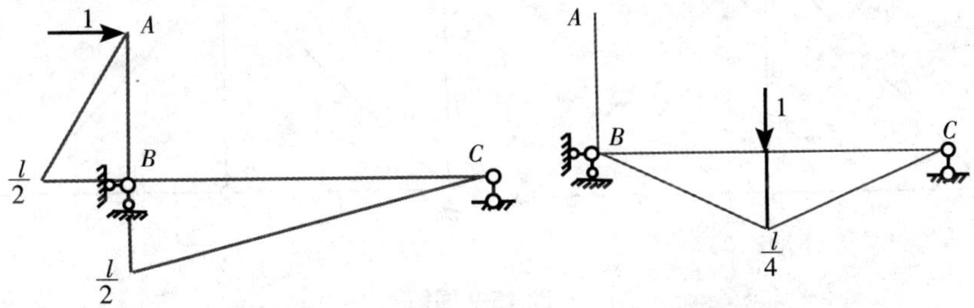

(a) $\overline{M}_1$ (b) $\overline{M}_2$

题 15-8 图解

由题 15-8 图解(a)、(b)可得

$$\delta_{11}=\frac{1}{EI}\times\left(\frac{1}{2}\times\frac{l}{2}\times\frac{l}{2}\times\frac{2}{3}\times\frac{l}{2}+\frac{1}{2}\times l\times\frac{l}{2}\times\frac{2}{3}\times\frac{l}{2}\right)$$

$$=\frac{l^3}{8EI}$$

$$\delta_{12}=\delta_{21}=\frac{1}{EI}\times\frac{1}{2}\times l\times\frac{l}{4}\times\frac{1}{2}\times\frac{l}{2}=\frac{l^3}{32EI}$$

$$\delta_{22}=\frac{1}{EI}\times2\times\frac{1}{2}\times\frac{l}{2}\times\frac{l}{4}\times\frac{2}{3}\times\frac{l}{4}=\frac{l^3}{48EI}$$

$$\theta=\sqrt{\frac{16EI}{ml^3}},m_1=m,m_2=3m$$

$$\theta^2m_1\delta_{11}=2,m_2\theta^2\delta_{12}=\frac{3}{2},m_1\theta^2\delta_{21}=\frac{1}{2},m_2\theta^2\delta_{22}=1$$

$$\Delta_{1P}=F_P\delta_{11}=\frac{F_Pl^3}{8EI},\Delta_{2P}=F_P\delta_{12}=\frac{F_Pl^3}{32EI}$$

(2)求 Y_1、Y_2

解方程 $\begin{cases} Y_1+\dfrac{3}{2}Y_2=-\dfrac{F_Pl^3}{8EI} \\ \dfrac{1}{2}Y_1=-\dfrac{F_Pl^3}{32EI} \end{cases}$

$$Y_1=-\frac{F_Pl^3}{16EI},Y_2=-\frac{F_Pl^3}{24EI}$$

惯性力幅值为 $I_1=-F_P,I_2=-2F_P$

$$M_{B\max}=-F_P\times\frac{l}{2}+F_P\times\frac{l}{2}=0$$

$$M_{C\max}=M_{2\max}=-F_P\times\frac{l}{4}+\frac{l}{4}\times F_P-F_P\times\frac{l}{4}=-\frac{F_Pl}{2}\text{(上部受拉)}$$

15-9 解题过程 (1)求 δ_{ij}

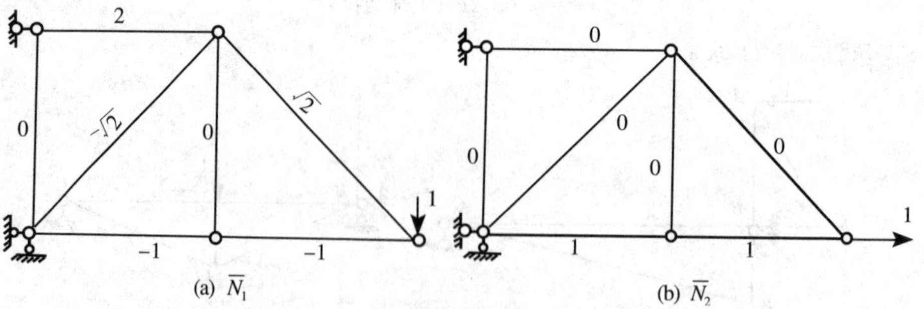

题 15-9 图解

由题 15-9 图解(a)、(b)可得

$$\delta_{11}=\frac{1}{EA}\times[2\times(-1)^2\times a+2\times(\sqrt{2})^2\times\sqrt{2}a+2\times2\times a]$$

$$=(6+4\sqrt{2})\frac{a}{EA}$$

$$\delta_{12}=\delta_{21}=\frac{1}{EA}\times[2\times(-1)\times(1)\times a]=-\frac{2a}{EA}$$

$$\delta_{22}=-\delta_{21}=\frac{2a}{EA}$$

(2)求 Y_1、Y_2

$$\Delta_{1P}=F_P\delta_{11}=(6+4\sqrt{2})\frac{F_Pa}{EA},\Delta_{2P}=F_P\delta_{12}=-\frac{F_Pa}{EA}$$

$$\theta=\sqrt{\frac{EA}{ma}},m\theta^2=\frac{EA}{a}$$

$$m\theta^2\delta_{11}=6+4\sqrt{2}=11.657,m\theta^2\delta_{12}=m\theta^2\delta_{21}=-2,m\theta^2\delta_{22}=2$$

解方程
$$\begin{cases}11.657Y_1-2Y_2=-11.657\dfrac{F_{\mathrm{P}}a}{EA}\\-2Y_1+2Y_2=\dfrac{F_{\mathrm{P}}a}{EA}\end{cases}$$

$$Y_1=-1.15\frac{F_{\mathrm{P}}a}{EA},Y_2=-0.3\frac{F_{\mathrm{P}}a}{EA}$$

$$y_{\max}=1.15\frac{F_{\mathrm{P}}a}{EA},x_{\max}=0.3\frac{F_{\mathrm{P}}a}{EA}$$

15-10 解题过程 (1)取梁的自重 q 作用下的挠度曲线作为第一振型,即取

$$Y(x)=\frac{ql^4}{24EI}\left(\frac{x^2}{l^2}-\frac{2x^3}{l^3}+\frac{x^4}{l^4}\right)$$

且上式满足两端固定梁的位移边界条件

$$Y(0)=0,Y'(0)=0,Y(l)=0,Y'(l)=0$$

(2)代入自振第一频率近似公式有

$$\omega^2=\frac{\int_0^l qY(x)\mathrm{d}x}{\int_0^l \overline{m}Y^2(x)\mathrm{d}x}=\frac{\dfrac{q^2}{24EI}\ \dfrac{l^5}{30}}{\overline{m}(\dfrac{q^2}{24EI})^2\ \dfrac{1}{630}l^9}=\frac{504EI}{\overline{m}l^4}$$

即 $$\omega=\frac{22.45}{l^2}\sqrt{\frac{EI}{\overline{m}}}$$

(3)讨论

在用能量法求解体系自振频率近似解中,最重要的是振型函数的选取,一要基本符合主振型形式,二要符合体系位移边界条件。当然也可采用符合上述条件的振型曲线 $Y(x)=A\left(1-\cos\dfrac{2\pi x}{l}\right)$,此时有 $\omega=\dfrac{22.8}{l^2}\sqrt{\dfrac{EI}{\overline{m}}}$。

15-11 解题过程 (1)假设振型曲线为 $Y(x)=a\sin\dfrac{\pi x}{l}$,$\omega=\sqrt{\dfrac{\dfrac{\pi^4EI}{2l^3}}{\dfrac{\overline{m}l}{2}+M}}$

$Y(x)$满足简支梁的边界条件

$$Y(0)=0,Y''(0)=0,Y''(l)=0。$$

(2)代入自振频率近似公式有

$$\omega^2=\frac{\int_0^l EI[Y''(x)]^2\mathrm{d}x}{\int_0^l \overline{m}[Y(x)]^2\mathrm{d}x+M\left[Y(\dfrac{l}{2})\right]^2}=\frac{\int_0^l EIa^2\ \dfrac{\pi^4}{l^4}\sin(\dfrac{\pi x}{l})\mathrm{d}x}{\int_0^l \overline{m}a^2\sin^2(\dfrac{\pi x}{l})\mathrm{d}x+Ma^2}$$

15-12 解题过程 体系的变形位能等于各层的位能之和

$$V_{\max}=\frac{1}{2}\sum_{i=1}^{n}k_i(Y_i-Y_{i-1})^2=\frac{\mathrm{tg}^2\alpha}{2}\sum_{i=1}^{n}k_i(H_i-H_{i-1})^2=\frac{\mathrm{tg}^2\alpha}{2}\sum_{i=1}^{n}k_ih_i{}^2$$

其中 k_i 为各层柱的刚度

$$k_i=3\times\frac{12EI_i}{h_i^{\ 3}}$$

令 $V_{\max}=T_{\max}$，可得 $\omega_1^{\ 2}=\dfrac{\sum k_i h_i^{\ 2}}{\sum M_i H_i^{\ 2}}$

将题中数据代入有

$$\omega_1^{\ 2}=\frac{3\times12\times2.9\times10^3\times10^6(1.04\times10^{-3}+1.5\times10^{-3}+1.37\times10^{-3})\times9.8}{117\times10^3\times6.5^2+111\times10^3\times12.5^2+59.4\times10^3\times17.5^2}$$

即 $\omega_1=9.937$

15-13 解题过程 第一频率对应于反对称形式的振动。将各杆质量的一半分别集中于杆两端，不计轴向变形，此时只有一个自由度。将题 15-13 图解(b)所示 $\overline{M}$ 图自乘，可得柔度系数。

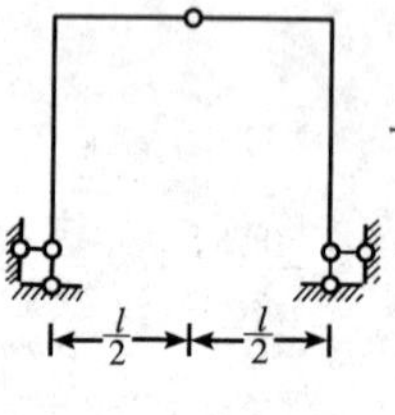

题 15-13 图

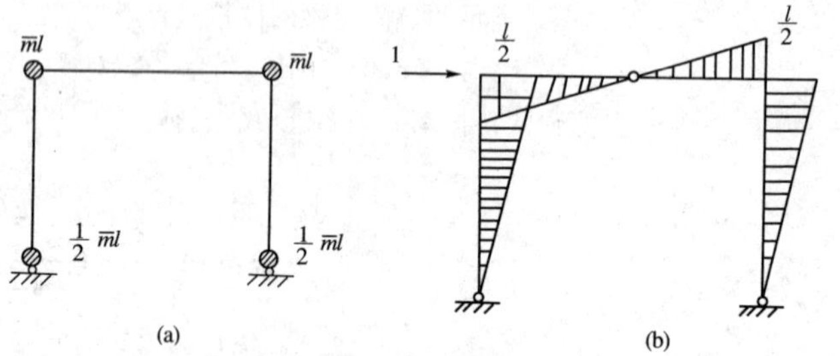

题 15-13 图解

$$\delta=\frac{2}{EI}\left(\frac{1}{2}\times l\times\frac{l}{2}\times\frac{2}{3}\times\frac{l}{2}+\frac{1}{2}\times\frac{l}{2}\times\frac{l}{2}\frac{2}{3}\times\frac{l}{2}\right)$$

$$=\frac{2}{EI}\times\frac{l^3}{8}=\frac{l^3}{4EI}$$

则刚架的第一频率为

$$\omega_1=\sqrt{\frac{1}{m\delta}}=\sqrt{\frac{4EI}{2\overline{m}l\times l^3}}=\sqrt{\frac{2EI}{\overline{m}l^4}}$$

15-14 解题过程 因为对称刚架的最低频率对应的振型是反对称的，所以可将各杆质量的一半分别集中于杆的两端，如题 15-14 图解所示。不计杆的轴向变形，此时体系具有一个自由度，当刚架顶部作用水平力 F 时，顶部水平位移为

$$\Delta=\frac{2Fl^3}{39EI}$$

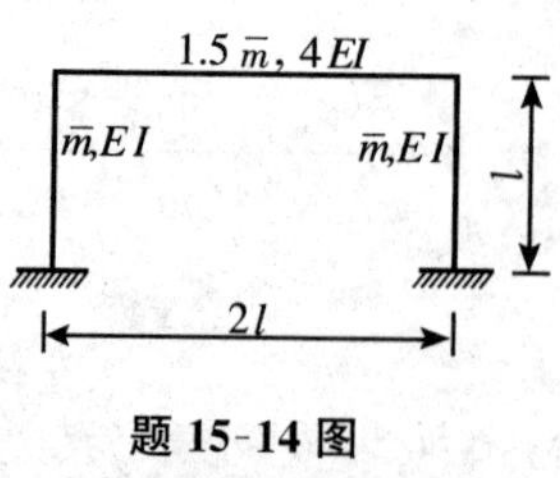

题 15-14 图

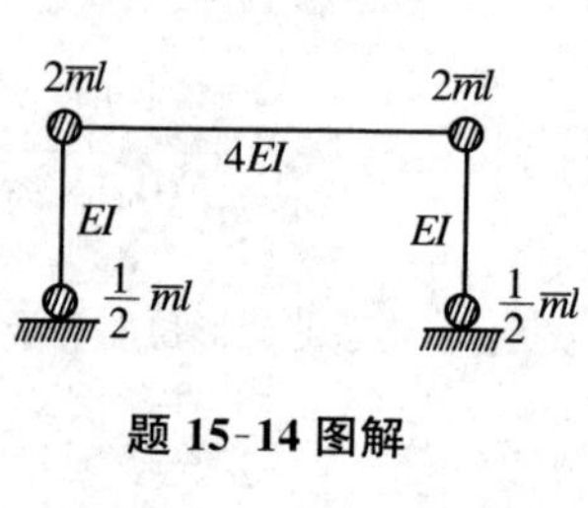

题 15-14 图解

因此刚度系数为

$$k=\frac{39EI}{2l^3}$$

所以刚架水平振动的最低频率为

$$\omega=\sqrt{\frac{k}{m}}=\sqrt{\frac{39EI}{2l^3}\frac{1}{4ml}}=\frac{2.21}{l^2}\sqrt{\frac{EI}{m}}$$

15-15 解题过程 (1)求自振频率

梁左端边界条件为 $y(0)=y_0, y'(0)=\theta=0$

梁右端的边界条件为 $y(l)=y_l=0, y'=(l)=\theta_l=0$

根据以上边界条件，由等截面梁位移的初参数表达式

$$\left.\begin{aligned}y(x)&=y_0A_{kx}+\theta_0\frac{1}{k}B_{kx}-M_0\frac{1}{EIk^2}C_{kx}-F_{Q0}\frac{1}{EIk^3}D_{kx}\\ \theta(x)&=y_0kD_{kx}+\theta_0A_{kx}-M_0\frac{1}{EIk}B_{kx}-F_{Q0}\frac{1}{EIk^2}C_{kx}\end{aligned}\right\}\tag{1}$$

得如下两方程

$$\left.\begin{aligned}M_0\frac{1}{k^2}C_{kl}+F_{Q0}\frac{1}{k^3}D_{kl}=0\\ M_0\frac{1}{k}B_{kl}+F_{Q0}\frac{1}{k^2}C_{kl}=0\end{aligned}\right\}\tag{2}$$

M_0、F_{Q0}不全为零，故其系数行列式应等于零，于是得到频率方程为

$$\begin{vmatrix}\frac{1}{k^2}C_{kl} & \frac{1}{k^3}D_{kl}\\ \frac{1}{k}B_{kl} & \frac{1}{k^2}C_{kl}\end{vmatrix}=0$$

展开有 $C_{kl}^2-B_{kl}D_{kl}=0$

即 $(\mathrm{ch}kl-\cos kl)^2-(\mathrm{sh}^2kl-\sin^2kl)=0$

化简后得 $\mathrm{ch}kl\cdot\cos kl=1$ (3)

由双曲函数及三角函数的图形可估计

$$kl\approx\frac{2i+1}{2}\pi\quad(i=1,2,\cdots)$$

相应的自振频率为

$$\omega_i=k^2\sqrt{\frac{EI}{m}}=\frac{\left(\frac{(2i+1)}{2}\right)^2}{l^2}\cdot\sqrt{\frac{EI}{m}}\quad(i=1,2,\cdots)$$

梁的前三阶自振频率为

$$\omega_1=\frac{22.21}{l^2}\sqrt{\frac{EI}{m}},\omega_2=\frac{61.69}{l^2}\sqrt{\frac{EI}{m}},\omega_3=\frac{120.91}{l^2}\sqrt{\frac{EI}{m}}$$

(2)求振型曲线

由式(2)的第一式，有 $F_{Q_0}=-\frac{kC_{kl}}{D_{kl}}M_0$

将 F_{Q0} 值及 $y_0=0,\theta=0$ 代入式(1)的第一式，振型曲线为

$$y(x)=\frac{M_0}{k^2EI}\left(\frac{C_{kl}}{D_{kl}}D_{kx}-C_{kx}\right) \tag{4}$$

式中 M_0 为待定值，$\frac{M_0}{k^2EI}$ 为常数，$C_{kl}=\frac{1}{2}(\mathrm{ch}kl-\cos kl)$

$$D_{kl}=\frac{1}{2}(\mathrm{sh}kl-\sin kl),C_{kx}=\frac{1}{2}(\mathrm{ch}kl-\cos kx)$$

$$D_{kx}=\frac{1}{2}(\mathrm{sh}kl-\sin kx)。$$

将 $k=k_1,k_2,\cdots$ 分别代入(4)式，便得到各振型曲线。题 15-15 图解(b)、(c)、(d)分别给出了梁的前三阶振型曲线的大致形状。

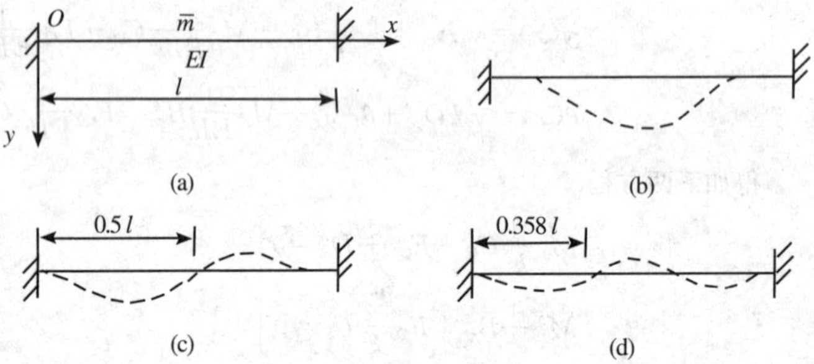

题 15-15 图解

15-16 解题过程 如题 15-16 图解所示，梁的振型函数为

$$Y(x)=C_1\,\mathrm{ch}\lambda x+C_2\,\mathrm{sh}\lambda x+C_3\cos\lambda x+C_4\sin\lambda x$$

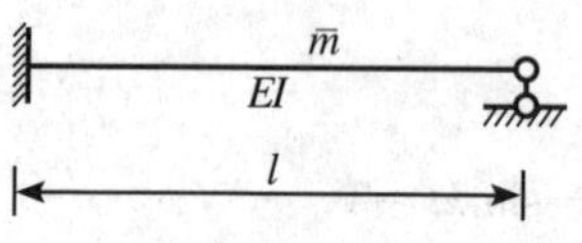

题 15-16 图

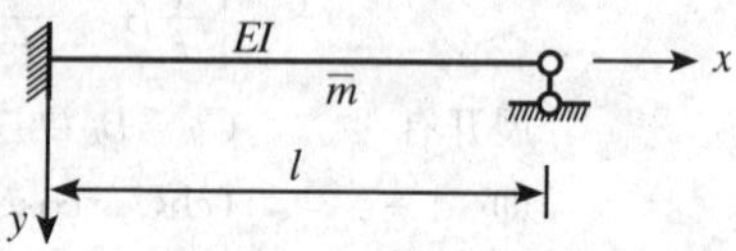

题 15-16 图解

由梁左端边界条件

$$Y(0)=0,Y'(0)=0$$

得
$$C_1+C_3=0 \tag{1}$$
$$C_2+C_4=0 \tag{2}$$

由梁的右端边界条件 $Y(l)=0,Y''(l)=0$

得
$$C_1\,\mathrm{ch}\lambda l+C_2\,\mathrm{sh}\lambda l+C_3\cos\lambda l+C_4\sin\lambda l=0 \tag{3}$$
$$C_1\,\mathrm{ch}\lambda l+C_2\,\mathrm{sh}\lambda l+C_3\cos\lambda l-C_4\sin\lambda l=0 \tag{4}$$

由方程(1)、(2)、(3)、(4)消去常数 C_3、C_4 得到

$$C_1(\mathrm{ch}\lambda l-\cos\lambda l)+(C_2\,\mathrm{sh}\lambda l-\sin\lambda l)=0$$
$$C_1(\mathrm{ch}\lambda l+\cos\lambda l)+(C_2\,\mathrm{sh}\lambda l+\sin\lambda l)=0$$

该齐次方程中 C_1、C_2 具有非零解的必要条件为

$$\begin{vmatrix}\mathrm{ch}\lambda l-\cos\lambda l & \mathrm{sh}\lambda l-\sin\lambda l\\ \mathrm{ch}\lambda l+\cos\lambda l & \mathrm{sh}\lambda l+\sin\lambda l\end{vmatrix}=0$$

即 $\text{ch}\lambda l-\sin\lambda l-\text{sh}\lambda l\cos\lambda l=0$

解得 $\lambda_1 l=3.927,\lambda_2 l=7.069$

所以梁的自振频率

$$\omega_1=\frac{15.42}{l^2}\sqrt{\frac{EI}{\overline{m}}},\omega_2=\frac{49.97}{l^2}\sqrt{\frac{EI}{\overline{m}}}$$

将 $\lambda_1 l$、$\lambda_2 l$ 代入上式中计算系数，求主振型

$$\eta_1=-\frac{C_2}{C_1}=\frac{\text{ch}\lambda_i l-\cos\lambda_i l}{\text{sh}\lambda_i l-\sin\lambda_i l}\quad(i=1,2)$$

将比系数代入振型函数，可得第一、二主振型为

$$Y_i(x)=C[\text{ch}\lambda_i l-\cos\lambda_i x-\eta_1(\text{sh}\lambda_i x-\sin\lambda_i x)]\quad(i=1,2)$$

其中 C 为任意常数。

15-17 解题过程 (a)对称振动时，质量按题 15-17-1 图解(a)所示集中。

由题 15-17-1 图解(b)、(c)可得

$$\delta_{11}=\frac{1}{EI}\Big[\frac{1}{2}\times l\times\frac{l}{6}\times\Big(\frac{2}{3}\times\frac{l}{6}-\frac{1}{3}\times\frac{l}{12}\Big)+\frac{1}{2}\times l\times\frac{l}{12}\times\Big(\frac{2}{3}\times\frac{l}{12}-\frac{1}{3}\times\frac{l}{6}\Big)+\frac{l}{2}\times\frac{l}{6}\times\Big(\frac{1}{2}\times\frac{l}{6}-\frac{1}{2}\times\frac{l}{3}\Big)+\frac{1}{2}\times\frac{l}{2}\times\frac{l}{2}\times\Big(\frac{2}{3}\times\frac{l}{3}-\frac{1}{3}\times\frac{l}{6}\Big)\Big]$$

$$=\frac{l^3}{48EI}$$

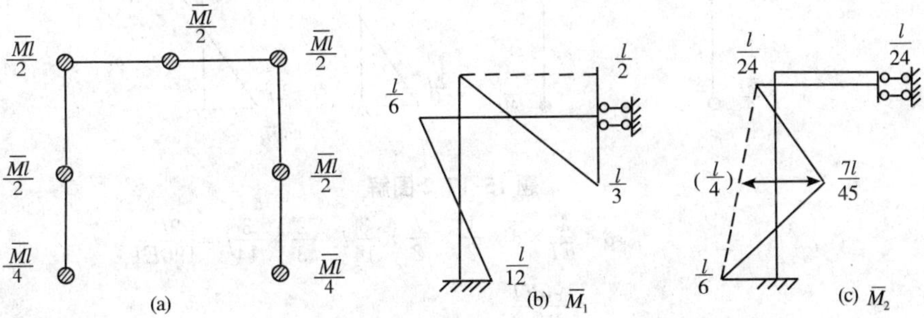

题 15-17-1 图解

$$\delta_{22}=\frac{1}{EI}\Big[\frac{1}{2}\times\frac{l}{2}\times\frac{l}{6}\times(\frac{2}{3}\times\frac{l}{6}-\frac{1}{3}\times\frac{7}{48}l)+\frac{1}{2}\times\frac{l}{2}\times\frac{l}{24}\times\Big(\frac{2}{3}\times\frac{l}{24}-\frac{1}{3}\times\frac{7}{48}l\Big)+\frac{1}{2}\times\frac{l}{2}\times\frac{7}{48}l\times\Big(\frac{2}{3}\times\frac{7}{48}l-\frac{1}{3}\times\frac{l}{6}\Big)+\frac{1}{2}\times\frac{l}{2}\times\frac{7}{48}l\times\Big(\frac{2}{3}\times\frac{7}{48}l-\frac{1}{3}\times\frac{l}{24}\Big)\Big]+\frac{1}{EI}\times\frac{l}{2}\times\frac{l}{24}\times\frac{l}{24}$$

$$=\frac{l^3}{128EI}$$

$$\delta_{21}=\delta_{12}=\frac{1}{EI}\times\Big[\frac{1}{2}\times l\times\frac{l}{6}\times(\frac{1}{3}\times\frac{l}{6}-\frac{2}{3}\times\frac{l}{12})+\frac{1}{2}\times l\times\frac{l}{24}\times\Big(\frac{2}{3}\times\frac{l}{6}-\frac{1}{3}\times\frac{l}{12}\Big)+\frac{1}{2}\times l\times\frac{l}{4}\times\Big(\frac{1}{2}\times\frac{l}{12}-\frac{1}{2}\times\frac{l}{6}\Big)$$

$$+\frac{l}{2}\times\frac{l}{24}\times\left(\frac{1}{2}\times\frac{l}{6}-\frac{1}{2}\times\frac{l}{3}\right)\Big]=-\frac{l^3}{192EI}$$

$$\boldsymbol{\delta}=\frac{l^3}{1\,536EI}\begin{bmatrix}32 & -8\\-8 & 12\end{bmatrix}$$

$$\boldsymbol{\delta M}=\frac{\overline{m}l^4}{1\,536EI}\begin{bmatrix}32 & -8\\-8 & 12\end{bmatrix}\begin{bmatrix}\frac{1}{4} & 0\\0 & \frac{1}{2}\end{bmatrix}=\frac{\overline{m}l^4}{1\,536EI}\begin{bmatrix}8 & -4\\-2 & 6\end{bmatrix}$$

由 $\begin{vmatrix}8-\varepsilon & -4\\-2 & 6-\varepsilon\end{vmatrix}=0$，解得 $\varepsilon_1=10,\varepsilon_2=4$

$$\omega_1=\sqrt{\frac{1\,536}{10}}\times\sqrt{\frac{EI}{\overline{m}l^4}}=\frac{12.40}{l^2}\sqrt{\frac{EI}{\overline{m}}},\omega_2=\frac{19.60}{l^2}\sqrt{\frac{EI}{\overline{m}}}$$

对称振动时振动频率为 $\frac{12.40}{l^2}\sqrt{\frac{EI}{\overline{m}}}$

(b)反对称振动时，质量应按题 15-17-2 图解(a)所示集中。

此时由题 15-17-2 图解(b)可得

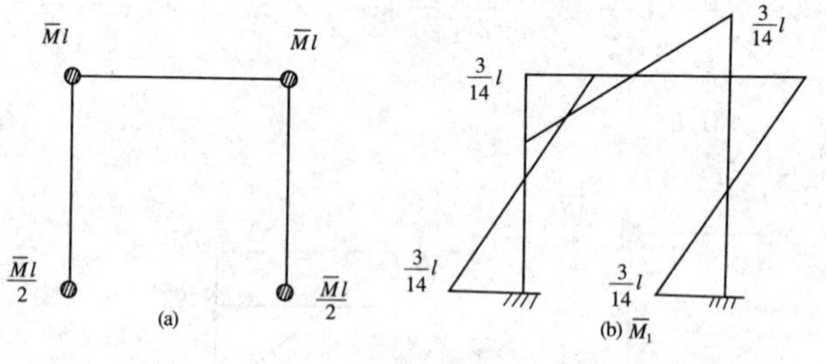

题 15-17-2 图解

$$\delta=\frac{1}{EI}\times6\times\frac{1}{2}\times\frac{l}{2}\times\frac{3}{14}l\times\frac{2}{3}\times\frac{3}{14}l=\frac{9l^3}{196EI}$$

$$k=\frac{196EI}{9l^3}$$

$$\omega=\sqrt{\frac{K}{m}}=\sqrt{\frac{K}{2\overline{m}l}}=\sqrt{\frac{98}{9}}\sqrt{\frac{EI}{\overline{m}\,l^4}}=\frac{3.300}{l^2}\sqrt{\frac{EI}{\overline{m}}}$$

15-18 解题过程 如题 15-18 图解所示，各单元定位向量为

$\lambda^{①}=[0,0,1,2]^T,\lambda^{②}=[0,0,1,3]^T,\lambda^{③}=[2,3]^T$

集合成总刚

$$\mathbf{K}=\frac{2EI}{l^3}\begin{bmatrix}12 & -3l & -3l\\-3l & 4l^2 & l^2\\-3l & l^2 & 4l^2\end{bmatrix}$$

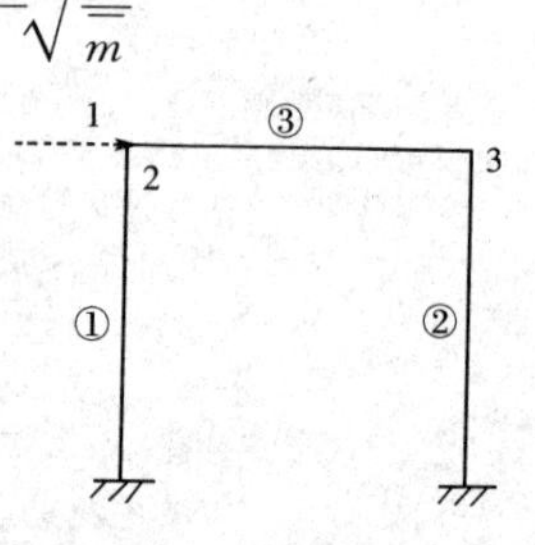

题 15-18 图解

$$\boldsymbol{M}=\frac{\overline{m}l}{420}\begin{bmatrix}732 & -22l & -22l\\ -22l & 8l^2 & -3l^2\\ -22l & -3l^2 & 8l^2\end{bmatrix}$$

驻值条件为 $(\boldsymbol{K}-\omega^2\boldsymbol{M})\boldsymbol{\Delta}=0$

再利用正对称性

$$\Delta_1=0,\quad \Delta_2=-\Delta_3\Rightarrow l^2\left(2\ 520\frac{EI}{\overline{m}l^4}-11\omega^2\right)\Delta_2=0$$

$$\omega=15.136\sqrt{\frac{EI}{\overline{m}l^4}}$$

利用反对称性 $\Delta_2=\Delta_3$

方程可化为 $a=\dfrac{840EI}{\overline{m}\omega^2 l}$

$$\begin{cases}(6a-366)\Delta_1+(-3a+22)l\Delta_2=0\\(-3a+22)\Delta_1+(5a-5)l\Delta_2=0\end{cases}$$

由 $\begin{vmatrix}(6a-366) & (-3a+22)l\\(-3a+22) & (5a-5)l\end{vmatrix}=0$

可得 $21a^2-1728a+1346=0$,即 $a_1=81.4993$,$a_2=0.7865$

$$\omega_1=3.21\sqrt{\frac{EI}{\overline{m}l^4}},\omega_2=32.681\sqrt{\frac{EI}{\overline{m}l^4}}$$

综上所述 $\omega_1=3.21\sqrt{\dfrac{EI}{\overline{m}l^4}},\omega_2=32.681\sqrt{\dfrac{EI}{\overline{m}l^4}}$

第 16 章 结构的稳定计算

本章知识要点概述

1. 理解稳定问题的基本概念。了解结构失稳的两种基本形式:分支点失稳和极值点失稳。
2. 掌握用静力法和能量法求解单自由度体系的临界荷载的原理和计算方法。
3. 掌握用静力法和能量法计算两个自由度体系以及弹性压杆稳定的简单问题。
4. 了解组合杆失稳时的力学特点和计算长细比公式的来源。
5. 了解刚架和拱的失稳。

知识点归纳

一、两类稳定问题

稳定分析中有两类性质完全不同的稳定问题。

1. 第一类稳定问题(分支点、质变失稳)

结构失稳后的平衡形式与失稳前的初始平衡形式有质的区别。如初始为轴压平衡状态的中心受压，直杆失稳后弯曲呈压弯平衡状态，其失稳前后平衡形式发生了质的变化。

2. 第二类稳定问题(极值点、量变失稳)

结构失稳前后，其平衡形式无质的改变，失稳表现为结构的变形或位移量的迅速增长。如初始为压弯平衡状态的偏心受压直杆或具有初曲率的压杆，失稳后仍处于压弯平衡状态，但弯曲程度迅速增大。

本章下述内容仅涉及第一类稳定问题。

二、静力法求临界荷载

1. 静力法基本思路

根据分支点失稳的临界状态的静力特征——平衡形式具有二重性，在新的平衡形式下建立平衡方程，再由特征方程确定临界荷载。

应用小挠度理论建立平衡方程时，可忽略微小位移的高阶微量。

2. 静力法求有限自由度体系的临界荷载

对 n 个自由度体系，按失稳后的平衡位置列出 n 个独立平衡方程——线性齐次代数方程，按其非零解求得特征方程，由特征方程求临界荷载。

3. 静力法求无限自由度体系的临界荷载

对失稳后的弹性变形状态建立平衡微分方程，再由边界条件得到特征方程，求出临界荷载。

三、能量法求临界荷载

1. 能量法求有限自由度体系的临界荷载

(1)由刚性杆和弹性约束组成的体系，其总势能由弹性约束的应变能和荷载势能 $V_P=-\sum F_P\lambda$ 构成。

(2)对任一满足位移边界条件的可能位移状态，可求出使总势能 $E_P=0$ 的相应荷载值 F_P，所有 F_P 中的极小值就是临界荷载 F_{Pcr}。也可以由总势能为驻值的条件 $\delta E_P=0$ 求出 F_{Pcr}。

2. 能量法求无限自由度(弹性)体系的临界荷载

(1)应变能为弹性杆件应变能总和。对于受弯结构，一般只考虑弯曲应变能，即

$$V_{\varepsilon}=\sum\int\frac{M^2}{2EI}\mathrm{d}x=\int_0^l\frac{1}{2}EI(y'')^2\mathrm{d}x$$

对桁架,只考虑轴向变形,即

$$V_{\varepsilon}=\sum\frac{F_{\mathrm{N}}^2l}{2EA}$$

体系中如有弹性约束,再加弹性约束的变形能。

荷载势能仍为

$$V_{\mathrm{P}}=-\sum F_{\mathrm{P}}\lambda$$

其中

$$\lambda=\frac{1}{2}\int_0^l(y')^2\mathrm{d}x$$

(2)根据小挠度理论,由 $E_P=0$ 或 $\delta E_P=0$ 求出临界荷载。

(3)弹性变形曲线 $y(x)$ 应事先设定,但必须满足位移边界条件。

(4)能量法求得的临界荷载必定是精确解的一个上限。

四、矩阵位移法计算刚架的临界荷载

按矩阵位移法计算刚架的临界荷载时,首先应确定结构的结点位移未知量(只考虑弯曲变形),进行结构坐标系下的结点位移或杆端位移编码,以形成各单元定位向量;其次写出各单元局部坐标系下的单元刚度矩阵 $\overline{\boldsymbol{K}}^e$,并经坐标转换成结构坐标系下的单元刚度矩阵 $\boldsymbol{K}^e$,注意刚架中轴压杆单元与普通杆单元的不同;然后按单元定位向量将各单元刚度矩阵中各元素对号入座,集成结构刚度矩阵 K,再令结构刚度矩阵系数构成的行列式等于零,即得结构稳定方程 $D=\det K=0$。最后求解稳定方程 $\det\boldsymbol{K}=0$,取方程荷载解的最小值为刚架的临界荷载(近似解)。

五、组合杆的稳定

1. 缀条式组合杆

缀条式组合杆的稳定分析按桁架计算。失稳时,桁架中各杆(柱肢和缀条)只引起附加轴力。

缀条式组合杆长细比的近似计算公式为

$$\lambda=\frac{l_0}{r}=\sqrt{\lambda_0^2+27\frac{(2A')}{A''}}$$

2. 缀板式组合杆

缀板式组合杆按刚架计算。失稳时，组合杆的变形由两部分组成：一部分是作为整体杆件产生的弯曲变形，另一部分是作为刚架在结间产生的局部弯曲变形（由结间剪力所引起的附加弯矩所造成）。

缀板式组合杆长细比的近似公式为 $\lambda=\sqrt{\lambda_0^2+0.83\lambda'^2}$。

其中，$\lambda'^2=\frac{A'd^2}{I'}$，$d$ 为结间距离，A'为柱肢面积，I'为柱肢惯性矩。

六、拱的稳定

1. 圆拱受均匀静水压力时的稳定

边界方程

$$u=C_1+C_2\varphi+C_3\sin\varphi+C_4\cos\varphi+C_5\sin\beta\varphi+C_6\cos\beta\varphi$$

$$v=C_2+C_3\cos\varphi-C_4\sin\varphi+C_5\beta\cos\varphi-C_6\beta\sin\varphi$$

$$M=\frac{EI}{R^2}[C_2+C_5(1-\beta^2)\beta\cos\beta\varphi-C_6(1-\beta^2)\beta sin\beta\varphi]$$

2. 拱的临界荷载系数和计算长度

$$q_{cr}=K_1\frac{EI}{l^3}\quad（式中，K_1 为临界荷载系数）$$

$$F_{Ncr}=\frac{\pi^2EI}{s_0^2}\quad（式中，s_0 为拱的计算长度）$$

七、考虑纵向力对横向荷载影响二阶分析

1. 单杆的纵横弯曲问题——微分方程精确解

变形状态位移方程

$$y_1=\frac{F_P\sin ab}{F_N\alpha\sin\alpha l}\sin\alpha x-\frac{F_Pb}{F_Nl}x$$

$$y_2=\frac{F_P\sin\alpha a}{F_N\alpha\sin\alpha l}\cdot\sin\alpha(1-x)-\frac{F_Pa}{F_Nl}(1-x)$$

2. 刚架的二阶分析——有限元法

基本方程为 $$(\boldsymbol{K}-\boldsymbol{S})\boldsymbol{\Delta}=\boldsymbol{F}_P$$

典型例题与解题技巧

例 1 求例 16-1 图(a)所示刚性杆件的临界荷载。假设杆件的转动很微小,弹簧支座的刚度系数为 k。

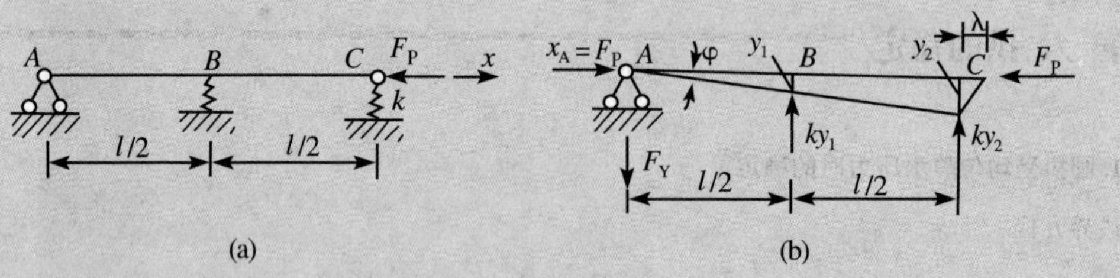

例 16-1 图

知识点窍 本体系如例 16-1 图(b)所示,具有一个自由度,属于第一类稳定问题(分支点失稳)。

解题过程 (1)**解法一**(静力法)

设在临界状态下,杆 AC 由初始水平位置的平衡形式转变为倾斜位置的平衡形式,如例 16-1 图(b)所示。因变形微小,故

$$y_1=\frac{1}{2}\varphi l,\ y_2=\varphi l$$

对新的平衡位置列出平衡方程

$$\sum M_A=0,ky_1\frac{l}{2}+ky_2l-F_Py_2=0,\left(\frac{5}{4}kl^2-F_Pl\right)\varphi=0$$

要求 $\varphi\neq0$,则方程的系数应为零,故得稳定特征方程

$$\frac{5}{4}kl^2-F_Pl=0$$

临界荷载 $$F_{Pcr}=\frac{5}{4}kl$$

(2)**解法二**(能量法)

杆端 C 沿水平方向的位移

$$\lambda=l(1-\cos\varphi)=l\left(\frac{1}{2}\varphi^2-\frac{1}{4}\varphi^4+\cdots\right)=l\frac{\varphi^2}{2}$$

因 φ 很小，式中仅保留 φ 的二次项。弹性支座应变能

$$V_\varepsilon=\frac{1}{2}ky_1^2+\frac{1}{2}ky_2^2=\frac{1}{2}k\frac{\varphi^2}{4}l^2+\frac{1}{2}k\varphi^2l^2=\frac{5}{8}kl^2\varphi^2$$

荷载势能
$$V_P=-F_P\lambda=-F_Pl\frac{\varphi^2}{2}$$

体系总势能

$$E_P=V_\varepsilon+V_P=\frac{5}{8}kl^2\varphi^2-\frac{1}{2}F_Pl\varphi^2$$

利用势能驻值条件

$$\frac{\partial E_P}{\partial\varphi}=\frac{5}{4}kl^2\varphi-F_Pl\varphi=0\text{ 得}$$

稳定特征方程

$$\frac{5}{4}kl^2-F_Pl=0$$

临界荷载

$$F_{Pcr}=\frac{5}{4}kl\text{（与静力法相同）}$$

最后指出，当采用小挠度理论求解第一类稳定问题的临界荷载时，在能量法的总势能中要保留位移的二次项；而在静力法的平衡方程中要保留位移的一次项。

例2 设例16-2图(a)所示结构体系均由刚性杆件($EI=\infty$)组成。E、D为弹簧铰接连接，其抗转动刚度系数均为k。求该体系的临界荷载。

知识点窍 例16-2图(a)所示刚性压杆体系，失稳偏离初始位置后可呈例16-2图(b)所示的刚体位移。由几何关系容易知道体系为单自由度体系，位移参变量为θ。

解题过程 **解法一**（静力法）

取例16-2图(c)所示体系失稳位移后形式为静力法计算简图。

(1)建立关于θ的位移方程

由体系整体平衡条件 $\sum M_B=0$、$\sum F_x=0$ 及 $\sum F_y=0$，得支座反力分别是

$$F_{xC}=F_{yC},F_{xB}=F_{xC}=F_{yC},F_{yB}=F_{Pcr}-F_{yC}$$

由例16-2图(d)所示CD杆的平衡条件$\sum F_x=0$、$\sum F_y=0$及$\sum M'_D=0$，并代入弹簧

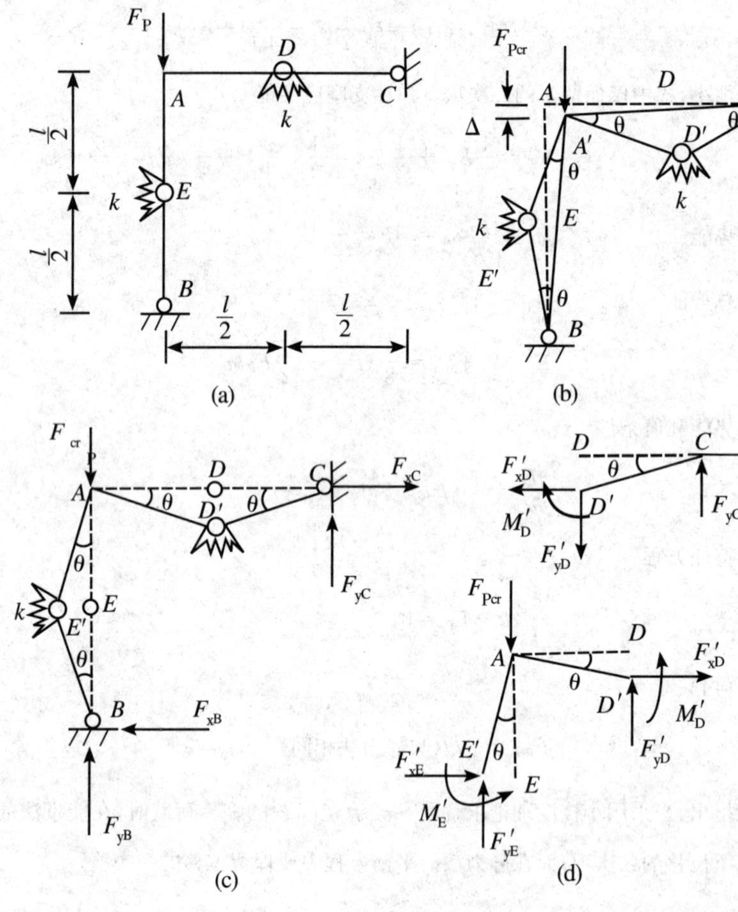

例 16-2 图

铰反力矩 $M'_D=2k\theta$,得

$$F'_{xD}=F_{xC}=F_{yC},F'_{yD}=F_{yc},F_{yC}=\frac{4k\theta}{l(1-\theta)}$$

再由 EAD 部分的平衡条件 $\sum M'_E=0$,并代入 $M'_E=2k\theta$ 及已知各值得

$$4k\theta+\frac{4kl\theta^2}{l(l-\theta)}-F_{Pcr}\frac{1}{2}l\theta=0$$

略去上式中第二项高阶微量,得位移方程

$$\left(\frac{8k}{l}-F_{Pcr}\right)\theta=0$$

(2)计算体系的临界荷载

根据体系在临界状态时位移方程 θ 具有非零解,则方程的系数必须等于零,得稳定方程

$$\frac{8k}{l}-F_{Pcr}=0$$

解得临界荷载 $F_{Pcr}=\frac{8k}{l}$

解法二(能量法)

取例 16-2 图(b)所示体系失稳位移后形式为能量法计算简图。

(1)体系的总势能为

$$E_P=V_\varepsilon+V_P$$

由图示几何关系可知,A 点的竖向位移 $\Delta=2\times\frac{l}{2}(1-\cos\theta)\approx\frac{1}{2}l\theta^2$,则体系的荷载势能

$$V_P=-F_{Pcr}\Delta=-\frac{1}{2}F_{Pcr}l\theta^2$$

体系的弹性势能

$$V_\varepsilon=2\times\frac{1}{2}k(2\theta)^2=4k\theta^2$$

则体系的总势能

$$E_P=\left(4k-\frac{1}{2}F_{Pcr}l\right)\theta^2$$

(2)建立稳定方程,求临界荷载

根据体系在临界状态时 $E_P=0$,且位移有非零解,由上式知

稳定方程 $4k-\frac{1}{2}F_{Pcr}l=0$

即 $\frac{8k}{l}-F_{Pcr}=0, F_{Pcr}=\frac{8k}{l}$

能量法所得结果与静力法所得结果相同。

课后习题全解

16-1 解题过程 根据平衡状态的定义,可知

(1)$F_{P1}<F_{P2}$时,当 $\theta=0$ 时,刚性杆处于稳定平衡。

当 $\theta=\pi$ 时,刚性杆处于不稳定平衡。

(2)$F_{P1}>F_{P2}$时，当 $\theta=0$ 时，刚性杆处于不稳定平衡。

当 $\theta=\pi$ 时，刚性杆处于稳定平衡。

(3)$F_{P1}=F_{P2}$时，θ 角取值任意，刚性杆都会处于一种静止或动态平衡状态。

16-2 解题过程 此结构只有一个稳定自由度，即立柱和拱梁绕铰支座的转角 θ.

(1)静力法，对左端铰支座取矩

$$F_p\cdot 2a\theta+q\cdot 2a\left(\frac{1}{2}\cdot a\theta\right)-k\cdot a\theta\cdot a=0$$

$$(6q-k)a^2\theta=0$$

其特征方程为 $a^2(6q-k)\theta=0$，故得 $q_{cr}=\frac{k}{6}$

即为临界荷载。

(2)能量法：结构的势能 $E_p=u+u_p=\frac{1}{2}k(a\theta)^2-\left(F_p\cdot\lambda+2aq\cdot\frac{1}{2}\lambda\right)$

其中第一项为弹簧变形能，第二项为外力势能（外力作功），λ 为柱顶竖向位移 $\lambda=$

$2a(1-\cos\theta)=2a\cdot\frac{\theta^2}{2}=a\theta^2$（小菱形），代入 E_p，得 $E_p=\left(\frac{1}{2}k-3q\right)a^2\theta^2$

由势能驻值条件$\frac{dE_p}{d\theta}=0$，得 $u^2(k-6q)\theta=0$

故得 $q_{cr}=\frac{k}{6}$，即为临界荷载.

综上所述，临界荷载 $q_{cr}=\frac{k}{6}$.

16-3 解题过程 **解法一** 按大挠度理论计算。

体系变形如题 16-3 图解所示。

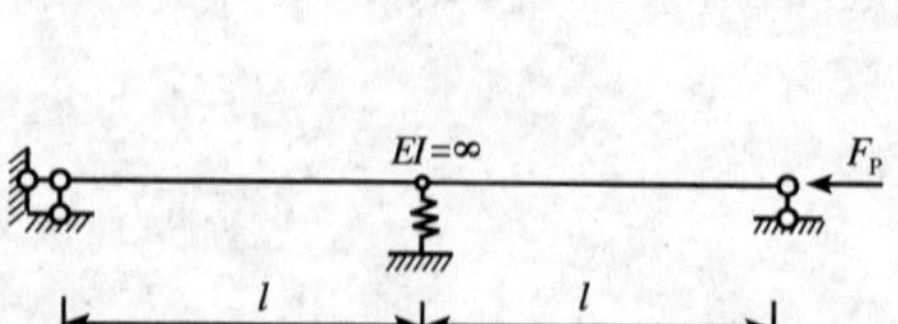

题 16-3 图

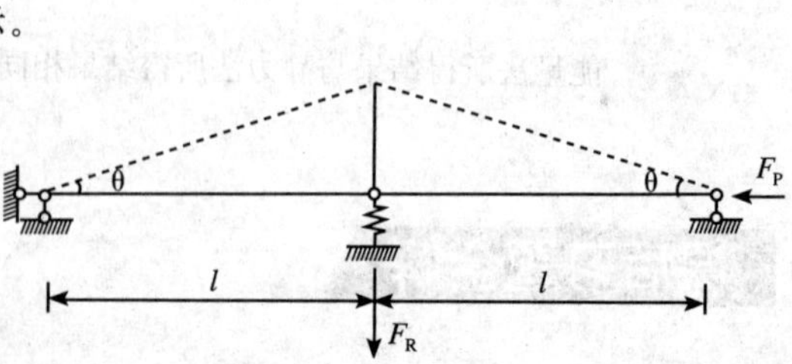

题 16-3 图解

$$\text{平衡条件为}\quad\begin{cases}F_P\cdot 2l\sin\theta-F_R\cdot l\cos\theta=0\\ F_R=kl\sin\theta\end{cases}$$

即　$l\sin\theta(2F_{\mathrm{P}}-kl\cos\theta)=0$

则　$\sin\theta=0$ 或 $F_{\mathrm{P}}=\dfrac{1}{2}kl\cos\theta$

所以临界荷载为$F_{\mathrm{Pcr}}=\dfrac{1}{2}kl$

解法二　按小挠度理论计算。

$$\begin{cases}F_{\mathrm{P}}\cdot 2l\theta-F_{\mathrm{P}}l=0\\ F_{\mathrm{R}}=kl\theta\end{cases}$$

则　$F_{\mathrm{P}}=\dfrac{1}{2}kl$

所以　$F_{\mathrm{Pcr}}=\dfrac{1}{2}kl$

16-4 **解题过程**　**解法一**　（静力法）

$$F_{\mathrm{P}}2l\theta-k2l\theta\cdot 2l=0,(F_{\mathrm{P}}-k2l)2l\theta=0$$

由特征方程$(F_{\mathrm{P}}-2lk)2l=0$，得 $F_{\mathrm{Pcr}}=2lk=2l\dfrac{3EI}{l^3}=\dfrac{6EI}{l^2}$

解法二　（能量法）

$$E_{\mathrm{P}}=V_{\varepsilon}+V_{\mathrm{P}}=\frac{1}{2}k(2l\theta)^2-F_{\mathrm{P}}2l(1-\cos\theta)$$

$$=2kl^2\theta^2-F_{\mathrm{P}}2l\frac{\theta^2}{2}=2kl^2\theta^2-F_{\mathrm{P}}l\theta^2=(2kl-F_{\mathrm{P}})l\theta^2$$

由$\dfrac{\mathrm{d}E_{\mathrm{P}}}{\mathrm{d}\theta}=0$，可得 $2l(2kl-F_{\mathrm{P}})\theta=0$

同(1)可得 $F_{\mathrm{Pcr}}=\dfrac{6EI}{l^2}$

16-5 **解题过程**　**解法一**　（静力法）

受力分析如题 16-5 图解所示。

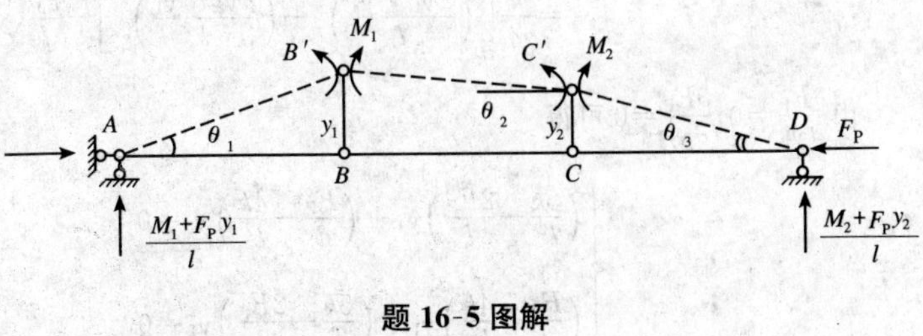

题 16-5 图解

由$\begin{cases}\sum M_{B'}=0\\ \sum M_{C'}=0\end{cases}$可得

$$\begin{cases}M_1+F_P y_1=\dfrac{M_2+F_P y_2}{l}\times 2(M_2+F_P y_2)\\ M_2+F_P y_2=(2M_1+F_P y_1)\end{cases} \qquad ①$$

又 $$M_1=k(\theta_1+\theta_2)=k\left(\frac{y_1}{l}+\frac{y_1-y_2}{l}\right)=\frac{k}{l}(2y_1-y_2)$$

同理$M_2=\dfrac{k}{l}(2y_2-y_1)$,代入①可得

$$\begin{cases}(F_P+4\dfrac{k}{l})y_1-\left(5\dfrac{k}{l}y_1+2F_P\right)y_2=0\\ \left(5\dfrac{k}{l}y_1+2F_P\right)y_1-(\dfrac{4k}{l}+F_P)y_2=0\end{cases}$$

系数行列式为0,可得$F_{Pcr1}=-\dfrac{k}{l}$,$F_{Pcr2}=-\dfrac{3k}{l}$

即 $$F_{Pcr1}=\frac{k}{l},F_{Pcr2}=\frac{3k}{l}$$

所以临界荷载为$F_{Pcr}=\dfrac{k}{l}$

解法二 （能量法）

0点水平位移 $\lambda=\dfrac{1}{2l}[y_1^2+(y_2-y_1)^2+y_2^2]=\dfrac{1}{l}(y_1^2+y_2^2-y_1y_2)$

而弹簧的应变能为

$$V_\varepsilon=\frac{1}{2}k\left(\frac{2y_1-y_2}{l}\right)^2+\frac{1}{2}k\left(\frac{2y_2-y_1}{l}\right)^2$$

$$E_P=V_\varepsilon+V_P$$

$$=\frac{k}{2}\left[\left(\frac{2y_1-y_2}{l}\right)^2+\left(\frac{2y_2-y_1}{l}\right)^2\right]-\frac{F_P}{l}(y_1{}^2+y_2{}^2-y_1y_2)$$

由$\dfrac{\partial E_P}{\partial y_1}=0$,$\dfrac{\partial E_P}{\partial y_2}=0$可得

$$\begin{cases}\left(\dfrac{5k}{l^2}-\dfrac{2F_P}{l}\right)y_1+\left(\dfrac{F_P}{l}-\dfrac{4k}{l^2}\right)y_2=0\\ \left(\dfrac{F_P}{l}-\dfrac{4k}{l^2}\right)y_1+\left(\dfrac{5k}{l^2}-\dfrac{2F_P}{l}\right)y_2=0\end{cases}$$

由系数行列式为 0 可得

$$F_{Pcr1}=\frac{k}{l},F_{Pcr2}=\frac{3k}{l}$$

所以临界荷载为 $F_{Pcr}=\dfrac{k}{l}$

16-6 解题过程 (1)$EI_1=\infty,EI_2=$常数，可将结构简化为题 16-6 图解(a)中的结构。

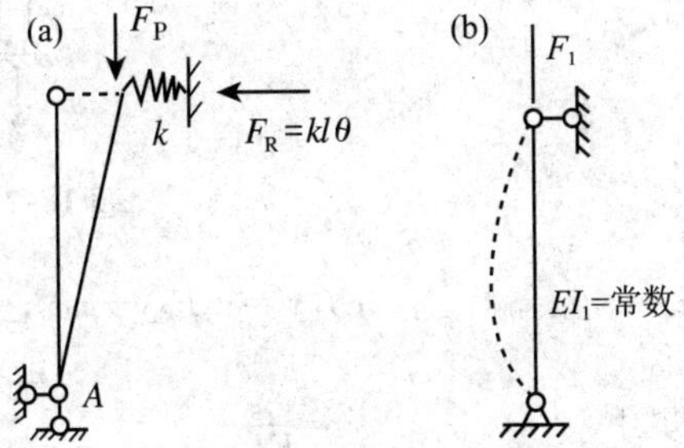

题 16-6 图解

$$k=\frac{3EI_2}{l^3},F_R=\frac{3EI_2}{l^2}\theta$$

$$\sum M_A=0,F_P\times l\theta-F_R\times l=0$$

可得 $$\left(F_P-\frac{3EI_2}{l^2}\right)l\theta=0$$

θ 有非零解，则必须 $F_P-\dfrac{3EI_2}{l^2}=0,F_{Pcr}=\dfrac{3EI_2}{l^2}$，失稳形式为分支点失稳。

(2)$EI_2=\infty,EI_1=$常数，原体系可简化为如题 16-6 图解(b)所示结构。可得临界荷载为

$$F_{Pcr}=\frac{\pi EI_1}{l^2}$$

(3)当以上两种情况的 F_{Pcr} 相等时

即$\dfrac{3EI_2}{l^2}=\dfrac{\pi EI_1}{l^2}$(即 $3I_2=\pi I_1$)时，原结构可能发生形式(1)失稳，也可能发生形式(2)失稳。

16-7 解题过程 如题 16-7 图解所示，曲线平衡微分方程为

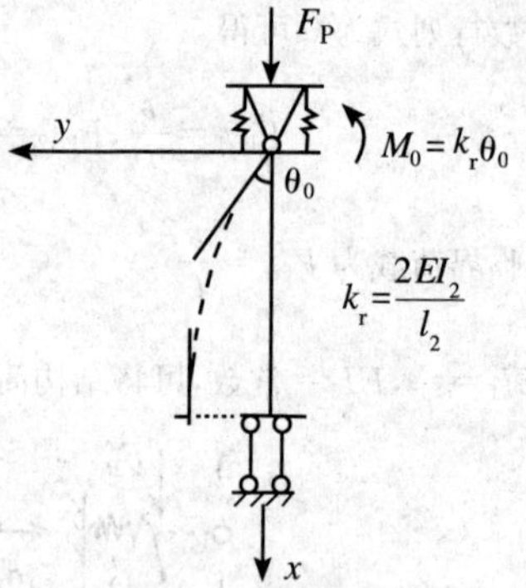

题 16-7 图解

$$EI_1y''=-F_Py+k_r\theta_0, y''+\alpha^2y=\frac{k_r\theta_0}{EI_1}$$

其中 $\alpha^2=\frac{F_P}{EI_1}$

方程通解为 $y=A\sin\alpha x+B\cos\alpha x+\frac{k_r\theta_0}{\alpha^2EI_1}$

且 A、B、θ_0 要有非零解，可以由系数行列式得

$$\begin{vmatrix} 0 & 1 & \frac{k_r}{\alpha^2EI_1} \\ \alpha\cos\frac{\alpha l_1}{2} & -\alpha\sin\frac{\alpha l_1}{2} & 0 \\ \alpha & 0 & -1 \end{vmatrix}=0$$

所以 $\mathrm{tg}\frac{\alpha l_1}{2}+\frac{\alpha EI_1}{k_r}=0$

又因为 $k_r=2\frac{EI_2}{l_2}2i_2$

即特征方程为 $\mathrm{tg}\frac{\alpha l_1}{2}+\frac{i_1}{i_2}\cdot\frac{\alpha l_1}{2}=0$

16-8 解题过程 横梁的约束可以简化为转动弹簧，如题 16-8 图解所示，其中 $k_r=6\frac{EI}{l}=6i$。

弯曲平衡方程为 $EIy''=-(F_Py+F_Rx), y''+\alpha^2y=-\frac{F_R}{EI}x$

其中 $\alpha^2=\frac{F_P}{EI}$

通解为 $y=A\sin\alpha x+B\cos\alpha x-\frac{F_R}{F_P}x$

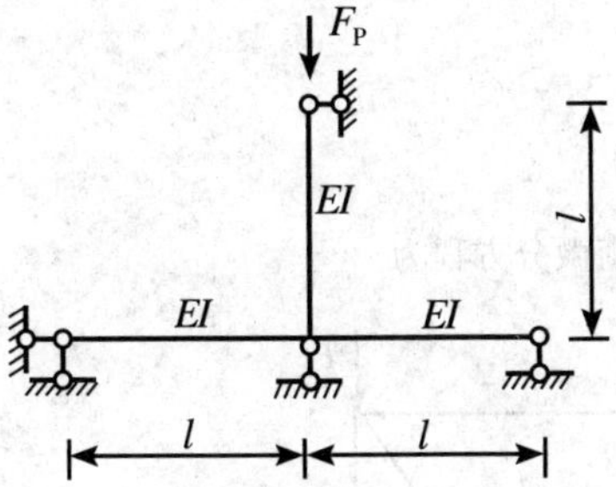

题 16-8 图

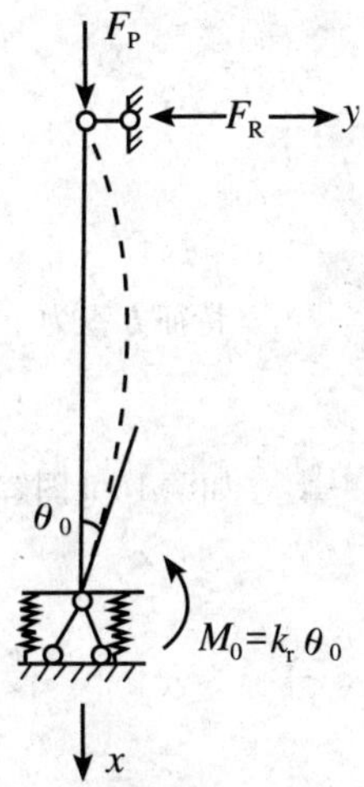

题 16-8 图解

由边界条件确定积分常数

$$y(0)=0, B=0$$

$$y(l)=0, A\sin\alpha l-\frac{F_R}{F_P}l=0 \qquad ①$$

$$y'(l)=\theta_0, A\alpha\cos\alpha l-\frac{F_R}{F_P}=\theta_0 \qquad ②$$

$x=l$ 处结点弯矩平衡可得

$$EIy''+k_r\theta_0=0$$

$$-EIA\alpha^2\sin\alpha l+6\frac{EI}{l}\theta_0=0$$

$$-A\alpha^2\sin\alpha l+\frac{6}{l}\theta_0=0 \qquad ③$$

A、F_R、θ_0 要有非零解，则由①②③方程组系数行列式为 0 可得

$$\begin{vmatrix} \sin\alpha l & -\frac{l}{F_P} & 0 \\ \alpha\cos\alpha l & -\frac{1}{F_P} & -1 \\ -\alpha^2\sin\alpha l & 0 & \frac{6}{l} \end{vmatrix}=0$$

简化得 $\frac{6}{l}(\alpha l\cos\alpha l-\sin\alpha l)=\alpha^2 l\sin\alpha l$

$$\alpha l-\tan\alpha l=\frac{(\alpha l)^2}{6}\tan\alpha l$$

$$\tan\alpha l\left[l+\frac{(\alpha l)^2}{6}\right]=\alpha l$$

特征方程为 $$\tan\alpha l=\frac{\alpha l}{1+\frac{(\alpha l)^2}{6}}$$

16-9 解题过程 如题 16-9 图解所示，弹性曲线平衡微分方程为

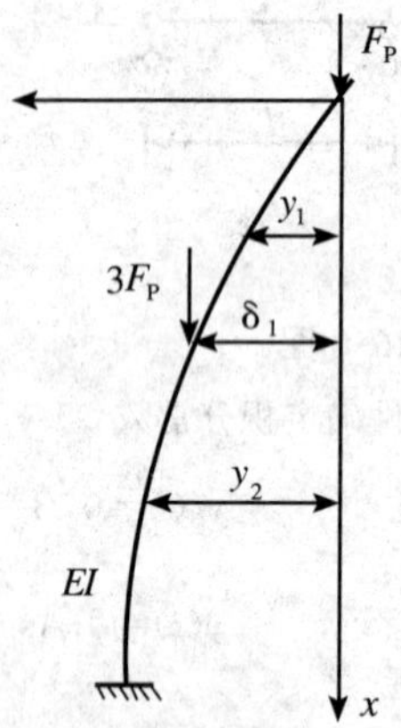

题 16-9 图解

$$\left.\begin{aligned}&EIy''_1=-F_P y_1\left(0\leqslant x\leqslant\frac{l}{2}\right)\\&EIy''_2=-F_P y_2-3F_P(y_2-\delta_1),\left(\frac{l}{2}\leqslant x\leqslant l\right)\end{aligned}\right\}\quad ①$$

令 $$\alpha_1^2=\frac{F_P}{EI},\alpha_2^2=\frac{4F_P}{EI}=4\alpha_1^2$$

上式方程可以改写为

$$\left.\begin{aligned}&y''_1+\alpha_1^2 y_1=0,\left(0\leqslant x\leqslant\frac{l}{2}\right)\\&y''_2+\alpha_2^2 y_2=\alpha_2^2\frac{3\delta_1}{4}\left(\frac{l}{2}\leqslant x\leqslant l\right)\end{aligned}\right\}\quad ②$$

②的通解为

$$y_1=A_1\cos\alpha_1 x+B_1\sin\alpha_1 x$$

$$y_2=A_2\cos\alpha_2 x+B_2\sin\alpha_2 x+\frac{3\delta_1}{4}$$

由边界条件定积分常数

$$x=0,y_1=0,A_1=0$$

$$x=\frac{l}{2},y_1=\delta_1,B_1\sin\alpha_1\frac{l}{2}-\delta_1=0$$

$$x=\frac{l}{2},y_2=\delta_1,A_2\cos\alpha_2\frac{l}{2}+B_2\sin\alpha_2\frac{l}{2}-\frac{\delta_1}{4}=0$$

$$x=\frac{l}{2},y'_1$$

$$=y'_2,\ A_2\alpha_2\sin\alpha_2\frac{l}{2}+B_1\alpha_1\cos\frac{\alpha_1 l}{2}-B_2\alpha_2\cos\alpha_2\frac{l}{2}-$$

$$A_1\alpha_1\sin\alpha_1\frac{l}{\alpha}=0$$

$$x=l,y'_2=0,-A_2\sin\alpha_2 l+B_2\cos\alpha_2 l=0$$

由上式方程组的系数行列式

$$\begin{vmatrix} 1 & 0 & 0 & 0 & 0 \\ 0 & \cos\frac{\alpha_2 l}{2} & 0 & 0 & -1 \\ 0 & 0 & \cos\alpha_2\frac{l}{2} & \sin\alpha_2\frac{l}{2} & -\frac{1}{4} \\ -\alpha_1\sin\alpha_1\frac{l}{2} & \alpha_1\cos\frac{\alpha_1 l}{2} & \alpha_2\sin\alpha_2\frac{l}{2} & -\alpha_2\cos\alpha_2\frac{l}{2} & 0 \\ 0 & 0 & -\sin\alpha_2 l & \cos\alpha_2 l & 0 \end{vmatrix}$$

可得 $\tan\frac{\alpha_1 l}{2}\tan\alpha_1 l=2,\tan\frac{\alpha_1 l}{2}=\pm\frac{\sqrt{2}}{2},\alpha_1 l=1.23$

$$F_{Pcr}=\left(\frac{1.23}{l}\right)^2EI=\frac{1.513EI}{l^2}$$

16-10 解题过程 设变形曲线为 $y=a(1-\cos\frac{\pi x}{2l})$

则 $y'=\frac{\pi a}{2l}\sin\frac{\pi x}{2l},y''=\frac{\pi^2 a}{4l^2}\cos\frac{\pi x}{2l}$

$$V_\varepsilon=\frac{1}{2}EI_2\int_0^{\frac{l}{2}}(y'')^2\mathrm{d}x+\frac{1}{2}EI_1\int_{\frac{l}{2}}^{l}(y'')^2\mathrm{d}x$$

$$(EI_2=2EI_1)$$

$$=EI_1\int_0^{\frac{l}{2}}\left(\frac{\pi^2 a}{4l^2}\right)^2\times\frac{1+\cos\frac{\pi x}{l}}{2}\mathrm{d}x$$

$$+\frac{EI_1}{2}\int_{\frac{l}{2}}^{l}\left(\frac{\pi^2 \mathrm{a}}{4l^2}\right)^2\times\frac{1+\cos\frac{\pi x}{l}}{2}\mathrm{d}x$$

$$=\frac{\pi^4 a^2}{16l^4}EI_1\times\left[\frac{l}{4}+\frac{l}{2\pi}+\frac{1}{2}\times\left(\frac{l}{4}-\frac{l}{2\pi}\right)\right]$$

$$=\left(\frac{3}{8}+\frac{1}{4\pi}\right)\frac{EI_1\pi^4 a^2}{16l^3}$$

$$W=F_{\mathrm{P}}\int_0^l\frac{1}{2}(y')^2\mathrm{d}x=\frac{F_{\mathrm{P}}}{2}\times\left(\frac{\pi \mathrm{a}}{2l}\right)^2\times\int_0^l\frac{1-\cos\frac{\pi x}{l}}{2}\mathrm{d}x$$

$$=\frac{F_{\mathrm{P}}\pi^2 a^2}{8l^2}\left(\frac{l}{2}+0\right)$$

$$=\frac{F_{\mathrm{P}}\pi^2 a^2}{16l}$$

$$E_{\mathrm{P}}=V_{\varepsilon}-W$$

又由$\frac{\partial E_{\mathrm{P}}}{\partial a}=0$得

$$\left(\frac{3}{8}+\frac{1}{4\pi}\right)\frac{EI_1\pi^4 a}{16l^3}-\frac{F_{\mathrm{P}}\pi^2 a}{16l}=0,$$

即
$$F_{\mathrm{Pcr}}=\left(\frac{3}{8}+\frac{1}{4\pi}\right)\frac{EI_1\pi^2}{l^2}=4.486\,5\frac{EI_1}{l^2}$$

16-11 解题过程 失稳变形及坐标如题 16-11 图解所示。

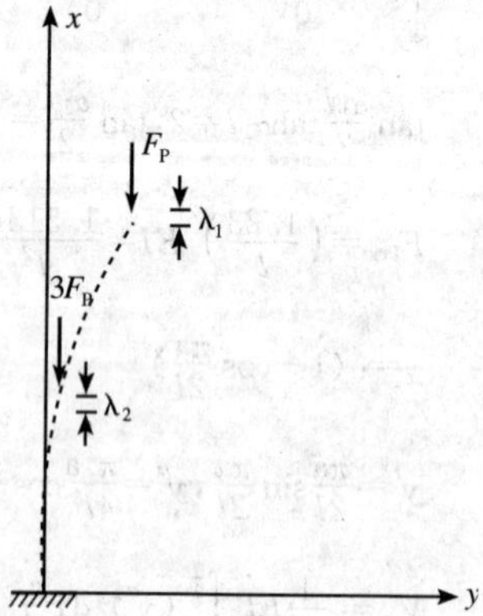

题 16-11 图解

设变形曲线为

$$y=\alpha\left(1-\cos\frac{\pi x}{2l}\right)$$

满足位移边界条件

$$x=0, y=y'=0$$

$$y'=\frac{\alpha\pi}{2l}\sin\frac{\pi x}{2l}, y''=\frac{\alpha\pi^2}{4l^2}\cos\frac{\pi x}{2l}$$

应变能 $$U=\frac{1}{2}\int_0^l EI(y'')^2\mathrm{d}x$$

$$=\frac{EI}{2}\left(\frac{\alpha\pi^2}{4l^2}\right)^2\int_0^l\cos^2\frac{\pi x}{2l}\mathrm{d}x=\frac{\alpha^2\pi^4 EI}{64l^3}$$

$$\lambda_1=\frac{1}{2}\int_0^l(y')^2\mathrm{d}x=\frac{\alpha^2\pi^2}{16l}$$

$$\lambda_2=\frac{1}{2}\int_0^x(y')^2\mathrm{d}x=\frac{\alpha^2(\pi-2)\pi}{16l}$$

荷载势能 $$U_P=-\sum F_P\lambda=-(F_P\lambda_1+3F_P\lambda_2)=-\frac{\alpha^2\pi}{64l^3}(10\pi-12)l^2F_P$$

总势能 $$E_P=U+U_P=\frac{\pi}{64l^3}[\pi^3EI-(10\pi-12)l^2F_P]\alpha^2$$

由 $\frac{\mathrm{d}E_P}{\mathrm{d}\alpha}=0$，得 $$\pi^3EI-(10\pi-12)l^2F_P=0$$

所以临界荷载 $$F_{Pcr}=\frac{\pi^3EI}{(10\pi-12)l^2}=1.592\frac{EI}{l^2}$$

16-12 解题过程 简支压杆的边界条件为

$x=0$ 和 $x=l$ 时，$y=0$

假设挠曲线为正弦曲线

$$y=\alpha\sin\frac{\pi x}{l}$$

则有 $$y'=\frac{\alpha\pi}{l}\cos\frac{\pi x}{l}, y''=-\alpha\frac{\pi^2}{l^2}\sin\frac{\pi x}{l}$$

求得 $$U=\frac{1}{2}\int_0^l EI(y'')^2\mathrm{d}x$$

$$=\frac{1}{2}\int_0^l EI_0\left(1+\sin\frac{\pi x}{l}\right)\left(-\alpha\frac{\pi^2}{l^2}\sin\frac{\pi x}{l}\right)^2\mathrm{d}x$$

$$=\frac{EI_0\alpha^2\pi^4}{4l^3}+\frac{EI_0\alpha^2\pi^3}{6l^3}$$

$$U_P=-\frac{1}{2}F_P\int_0^l(y')^2\mathrm{d}x=-\frac{1}{2}F_P\int_0^l\left(\frac{\alpha^2\pi^2}{l^2}\cos^2\frac{\pi x}{l}\right)\mathrm{d}x=-\frac{\alpha^2\pi^2}{4l}F_P$$

总势能 $E_P = U + U_P = \dfrac{EI_0\alpha^2\pi^4}{4l^3} + \dfrac{EI_0\alpha^2\pi^3}{6l^3} - \dfrac{\alpha^2\pi^2}{4l}F_P$

由驻值条件$\dfrac{dE_P}{d\alpha}=0$，得

$$\frac{EI_0\pi^4}{4l^3} + \frac{EI_0\pi^3}{6l^3} - \frac{\pi^2}{4l}F_P = 0$$

则临界荷载为

$$F_{Pcr} = \frac{EI_0\pi^2}{l^2} + \frac{2EI_0\pi}{3l^2}$$

16-13 解题过程 失稳变形及坐标如题 16-13 图解所示。

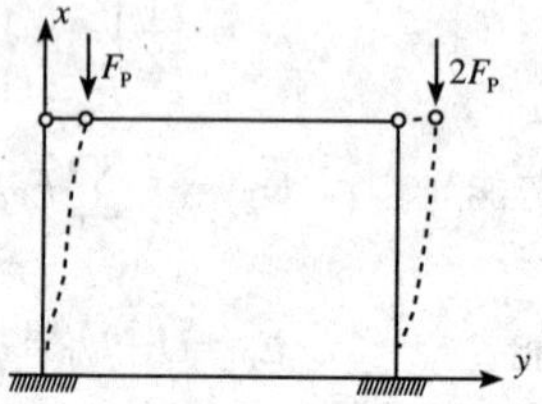

题 16-13 图解

结构总势能为

$$E_P = U + U_P$$

$$= \left[\frac{1}{2}\int_0^H EI(y'')^2 dx + \frac{1}{2}\int_0^H EI(y'')^2 dx\right]$$

$$- \left[\frac{F_P}{2}\int_0^H (y')^2 dx + 2F_P \times \frac{1}{2}\int_0^H (y')^2 dx\right]$$

已知失稳时柱的变形曲线为

$$y = \alpha\left(1 - \cos\frac{\pi x}{2H}\right)$$

则 $y' = \dfrac{\alpha\pi}{2H}\sin\dfrac{\pi x}{2H}, y'' = \dfrac{\alpha\pi^2}{4H^2}\cos\dfrac{\pi x}{2H}$

代回势能表达式并简化得

$$E_P = \frac{EI\alpha^2\pi^4}{16H^3} - \frac{3\alpha^2\pi^2}{16H}F_P$$

利用驻值条件可得

$$F_{Pcr} = \frac{\pi^2 EI}{3H^2}$$

16-14 解题过程 (a)结点和单元编码如题 16-14 图解(a)所示，则基本未知量为(v_1、θ_1)。

$$\bar{k}^{①}=\bar{k}^{②}=\begin{bmatrix}\dfrac{8\times12EI}{l^3} & \dfrac{4\times6EI}{l^2} & -\dfrac{12\times8EI}{l^2} & \dfrac{6\times4EI}{l^2}\\ \dfrac{4\times6EI}{l^2} & \dfrac{2\times4EI}{l} & -\dfrac{4\times6EI}{l^2} & \dfrac{2EI\times2}{l}\\ -\dfrac{12\times8EI}{l^3} & -\dfrac{4\times6EI}{l^2} & \dfrac{12\times8EI}{l^3} & -\dfrac{4\times6EI}{l^2}\\ \dfrac{4\times6EI}{l^2} & \dfrac{2\times2EI}{l} & -\dfrac{4\times6EI}{l^2} & \dfrac{2\times4EI}{l}\end{bmatrix}$$

$$\bar{S}^{①}=\bar{S}^{②}=\begin{bmatrix}\dfrac{12}{5l} & \dfrac{1}{10} & -\dfrac{12}{5l} & \dfrac{1}{10}\\ \dfrac{1}{10} & \dfrac{l}{15} & -\dfrac{1}{10} & -\dfrac{0.5l}{30}\\ -\dfrac{6\times2}{5l} & -\dfrac{1}{10} & \dfrac{12}{5l} & -\dfrac{1}{10}\\ \dfrac{1}{10} & -\dfrac{0.5l}{30} & -\dfrac{1}{10} & \dfrac{l}{15}\end{bmatrix}F_P$$

$$\boldsymbol{\lambda}^{①}=(0\quad 0\quad 1\quad 2),\boldsymbol{\lambda}^{②}=(1\quad 2\quad 0\quad 0)$$

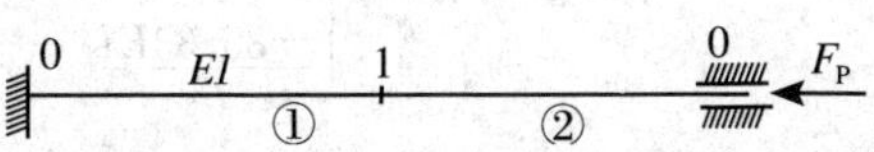

题 16-14 图解(a)

则
$$\boldsymbol{K}=\begin{bmatrix}\dfrac{12\times8\times2}{l^3}EI & 0\\ 0 & \dfrac{2\times4\times2EI}{l}\end{bmatrix},\boldsymbol{S}=\begin{bmatrix}\dfrac{24}{5l} & 0\\ 0 & \dfrac{2l}{15}\end{bmatrix}F_P$$

$$|K-S|=0\quad\begin{vmatrix}\dfrac{192}{l^3}EI-\dfrac{24}{5l}F_P & 0\\ 0 & \dfrac{16EI}{l}-\dfrac{2l}{15}F_P\end{vmatrix}=0$$

$$\left(\frac{192EI}{l^3}-\frac{24F_P}{5l}\right)\left(\frac{16EI}{l}-\frac{2l}{15}F_P\right)=0$$

展开后得
$$0.64F_P^2-\frac{102.4EI}{l^2}F_P+3072\frac{E^2I^2}{l^4}=0$$

则
$$F_P=\frac{102.4\pm51.2}{1.28}\frac{EI}{l^2}$$

取小值 $F_{Pcr}=\dfrac{40EI}{l^2}$

(b)结点和单元编码如题 16-14 图解(b)所示，基本未知量为(v_1、θ_1)。

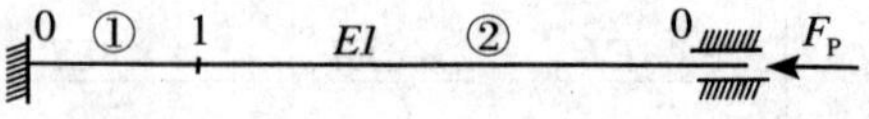

题 16-14 图解(b)

$$\boldsymbol{\lambda}^{①}=(0\quad 0\quad 1\quad 2)^{\mathrm{T}}$$

$$\boldsymbol{K}^{①}=\begin{bmatrix}\dfrac{768EI}{l^3} & \dfrac{96EI}{l^2}\\ -\dfrac{96EI}{l^2} & \dfrac{16EI}{l}\end{bmatrix},\boldsymbol{S}^{①}=\begin{bmatrix}\dfrac{24}{5l} & -\dfrac{1}{10}\\ -\dfrac{1}{10} & \dfrac{2l}{60}\end{bmatrix}F_P$$

$$\boldsymbol{\lambda}^{②}=(1\quad 2\quad 0\quad 0)^{\mathrm{T}}$$

$$\boldsymbol{K}^{②}=\begin{bmatrix}\dfrac{768EI}{27l^3} & \dfrac{96EI}{9l^2}\\ \dfrac{96EI}{9l^2} & \dfrac{16EI}{3l}\end{bmatrix},\boldsymbol{S}^{②}=\begin{bmatrix}\dfrac{24}{15l} & \dfrac{1}{10}\\ \dfrac{1}{10} & \dfrac{6l}{60}\end{bmatrix}F_P$$

则 $$\boldsymbol{K}=\boldsymbol{K}^{①}+\boldsymbol{K}^{②}=\begin{bmatrix}\dfrac{796.4EI}{l^3} & \dfrac{-85.33EI}{l^2}\\ \dfrac{-85.33EI}{l^2} & 21.3\dfrac{EI}{l}\end{bmatrix}$$

$$\boldsymbol{S}=\boldsymbol{S}^{①}+\boldsymbol{S}^{②}=\begin{bmatrix}\dfrac{6.4}{l} & 0\\ 0 & 0.1333l\end{bmatrix}F_P$$

所以由 $|\boldsymbol{K}-\boldsymbol{S}|=0$ 得

$$\begin{vmatrix}\dfrac{796.4EI}{l^3}-\dfrac{6.4}{l}F_P & \dfrac{-85.33EI}{l^2}\\ \dfrac{-85.33EI}{l^2} & \dfrac{21.3EI}{l}-0.1333lF_P\end{vmatrix}=0$$

展开后得 $$0.853F_P^2-242.5\frac{EI}{l^2}F_P+\frac{9682.11E^2I^2}{l^4}=0$$

$$F_P=\frac{242.5\pm160.53}{2\times0.853}\frac{EI}{l^2}$$

取小值 $F_{Pcr}=\dfrac{48EI}{l^2}$

(c)结点和单元编码如题 16-14 图解(c)所示，基本未知量为(v_1,θ_1)。

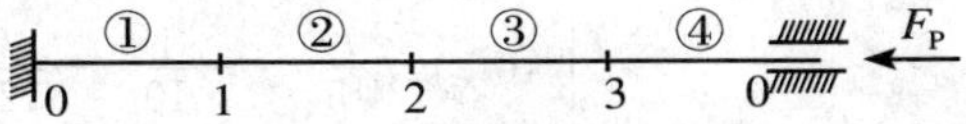

题 16-14 图解(c)

(1)求总体刚度 $\boldsymbol{K}$。

设
$$a=\frac{EI}{l^3},b=\frac{EI}{l^2},c=\frac{EI}{l}$$

$$\boldsymbol{k}^e=\begin{bmatrix} 768a & 96b & -768a & 96b \\ 96b & 16c & -96b & 8c \\ -768a & -96b & 768a & -96b \\ 96b & 8c & -96b & 16c \end{bmatrix}$$

$$\boldsymbol{S}^e=\begin{bmatrix} \frac{24}{5l} & \frac{1}{10} & -\frac{24}{5l} & \frac{1}{10} \\ \frac{1}{10} & \frac{l}{30} & -\frac{1}{10} & -\frac{l}{120} \\ -\frac{24}{5l} & -\frac{1}{10} & \frac{24}{5l} & -\frac{1}{10} \\ \frac{1}{10} & -\frac{l}{120} & -\frac{1}{10} & \frac{l}{30} \end{bmatrix}$$

单位定位向量为 $\lambda^{①}=(0\quad 0\quad 1\quad 2)^{\mathrm{T}}$ $\lambda^{②}=(1\quad 2\quad 3\quad 4)^{\mathrm{T}}$

$\lambda^{③}=(3\quad 4\quad 5\quad 6)^{\mathrm{T}}$ $\lambda^{⑥}=(5\quad 6\quad 0\quad 0)^{\mathrm{T}}$

所以

$$\boldsymbol{K}=\begin{bmatrix} 1536a & 0 & -768a & 96b & 0 & 0 \\ 0 & 32c & -96b & 8c & 0 & 0 \\ -768a & -96b & 1536a & 0 & -768a & 96b \\ 96b & 8c & 0 & 32c & -96b & 8c \\ 0 & 0 & -768a & -96b & 1536a & 0 \\ 0 & 0 & 96b & 8c & 0 & 32c \end{bmatrix}$$

$$S=\begin{bmatrix} \frac{48}{5l} & 0 & -\frac{24}{5l} & \frac{1}{10} & 0 & 0 \\ 0 & \frac{l}{15} & -\frac{1}{10} & -\frac{l}{120} & 0 & 0 \\ -\frac{24}{5l} & -\frac{1}{10} & \frac{48}{5l} & 0 & -\frac{24}{5l} & \frac{1}{10} \\ \frac{1}{10} & -\frac{l}{120} & 0 & \frac{l}{15} & -\frac{1}{10} & -\frac{l}{120} \\ 0 & 0 & -\frac{24}{5l} & -\frac{1}{10} & \frac{48}{5l} & 0 \\ 0 & 0 & \frac{1}{10} & -\frac{l}{120} & 0 & \frac{l}{15} \end{bmatrix}$$

(2)求临界荷载 $|\boldsymbol{K}-\boldsymbol{S}|=0$

代入可得 $F_{Pcr}=39.77\dfrac{EI}{l^2}$

16-15 解题过程 对于横梁我们只考虑转角刚度，只需对转角进行编号

$$[k]^{①}=[k]^{②}=\begin{bmatrix} \frac{12i1}{H^2} & \frac{6i1}{H} & -\frac{12i1}{H^2} & \frac{6i1}{H} \\ \frac{6i1}{H} & 4i1 & -\frac{6i1}{H} & 2i1 \\ -\frac{12i1}{H^2} & -\frac{6i1}{H} & \frac{12i1}{H^2} & -\frac{6i1}{H} \\ \frac{6i1}{H} & 2i1 & -\frac{6i1}{H} & 4i1 \end{bmatrix}\begin{matrix} ① & ② \\ 1 & 1 \\ 2 & 3 \\ 0 & 0 \\ 0 & 0 \end{matrix}$$

$$\begin{matrix} ① & 1 & 2 & 0 & 0 \\ ② & 1 & 3 & 0 & 0 \end{matrix}$$

$$[k]^{③}=\begin{bmatrix} 4i2 & 2i2 \\ 2i2 & 4i2 \end{bmatrix}\begin{matrix} 2 \\ 3 \end{matrix}$$

$$\begin{matrix} 2 & 3 \end{matrix}$$

集结总体刚度矩阵得$[k]=\begin{bmatrix} \frac{24i1}{H^2} & \frac{6i1}{H} & \frac{6i1}{H} \\ \frac{6i1}{H} & 4i1+4i2 & 2i2 \\ \frac{6i1}{H} & 2i2 & 4i+4i2 \end{bmatrix}$

同理可得几何刚度矩阵$[s]=[s]^{①}=\begin{bmatrix}\frac{6}{5H} & \frac{1}{10} & 0\\ \frac{1}{10} & \frac{2H}{15} & 0\\ 0 & 0 & 0\end{bmatrix}F_p$

由$|[K]-[S]|=0$可得刚架稳定方程为：

$$\begin{vmatrix}\left(\frac{24i1}{H^2}-\frac{6F_p}{5H}\right) & \left(\frac{6i1}{H}-\frac{F_p}{10}\right) & \frac{6i1}{H}\\ \left(\frac{6i1}{H}-\frac{F_p}{10}\right) & \left(4i1+4i2-\frac{2HF_p}{15}\right) & 2i2\\ \frac{6i1}{H} & 2i2 & 4i1+4i2\end{vmatrix}=0$$

16-16 解题过程 在集成$[k]$和$[s]$时与矩阵位移法中集成总刚思路一致.

单元定位向量

$\{\lambda\}^{①}=[0,0,1,2]^T,\{\lambda\}^{②}=[0,0,1,3]^T$

$\{\lambda\}^{③}=[0,0,1,4]^T,\{\lambda\}^{④}=[0,0,1,5]^T$

$\{\lambda\}^{⑤}=[2,3]^T,\{\lambda\}^{⑥}=[3,4]^T\quad\{\lambda\}^{⑦}=[4,5]^T$

集成单元①②③④得：

$$[k]=\begin{bmatrix}\frac{72}{l^2} & -\frac{6}{l} & -\frac{6}{l} & -\frac{12}{l} & -\frac{12}{l}\\ \frac{-6}{l} & 4 & & & \\ \frac{-6}{l} & & 4 & & \\ \frac{-12}{l} & & & 8 & \\ \frac{-12}{l} & & & & 8\end{bmatrix}\times\frac{EI}{l}$$

再加入单元⑤⑥⑦可得

$$[k]=\begin{bmatrix} \frac{72}{l^2} & -\frac{6}{l} & -\frac{6}{l} & -\frac{12}{l} & -\frac{12}{l} \\ \frac{-6}{l} & 8 & 2 & 0 & 0 \\ \frac{-6}{l} & 2 & 16 & 4 & 0 \\ \frac{-12}{l} & 0 & 4 & 24 & 4 \\ \frac{-12}{l} & 0 & 0 & 4 & 16 \end{bmatrix}\times\frac{EI}{l}$$

而只有①②③④受压，故只需集成单元①～④可得几何刚度矩阵

$$[s]=\begin{bmatrix} \frac{216}{l} & -3 & -3 & -6 & -6 \\ -3 & 4l & & & \\ -3 & & 4l & & \\ -6 & & & 8l & \\ -6 & & & & 8l \end{bmatrix}$$

故得稳定方程$|[k]-[s]|=0$.

16-17 解题过程　参见题16-17图弹性支座等截面圆拱，在静水压力作用下的特征方程

$$\left[\frac{(1-\beta^2)EI}{Rk_\theta}+\beta\mathrm{ctan}\beta\gamma\right]\tan\gamma=1$$

则当$k_\theta\to\infty$时，即为无铰拱在静水压力作用下的特征方程　$\beta\tan\gamma=\tan\beta\gamma$

也可直接按无铰拱的边界条件确定其特征方程。

16-18 解题过程　(A)(1)在圆环失稳时，其轴线如题16-18-1图解(a)中虚线表示。将圆环上半环(或下半环)看作弹性固定端支承半圆环，其稳定方程为(参看题16-17).

$$\tan\gamma\left[\beta\mathrm{ctan}\beta\gamma+(1-\beta^2)\frac{EI_0}{Rk_\theta}\right]=1$$

(2)计算转动刚度k_θ

截取结点B，如题16-18-1图解(b)所示。当半圆拱拱脚弯矩$M_0=1$时，横撑AB的杆端弯矩$M_{BA}=2$，利用图乘法计算B端转角θ_B，如题16-18-1图解(c)、(d)、(e)所示。

$$\theta_B=\frac{1}{4EI_0}\left(\frac{1}{2}\times1\times2R\times2\times\frac{1}{3}\right)$$

$$=\frac{R}{6EI_0}$$

$$k_\theta=\frac{1}{\theta_B}=\frac{6EI_0}{R}$$

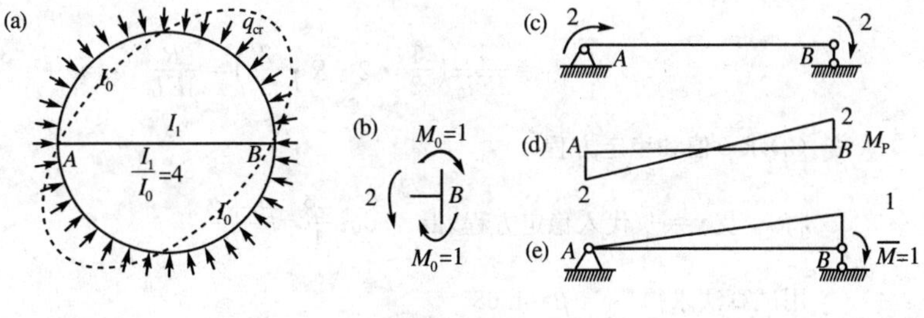

题 16-18-1 图解

(3)求 β 值和稳定方程

将 k_θ、$\gamma=\frac{\pi}{2}$ 代入稳定方程得

$$\beta\mathrm{ctan}\frac{\beta\pi}{2}+\frac{1}{6}(1-\beta^2)=0$$

用试算法解出　$\beta=2.758$

(4)计算临界荷载

$$q_{cr}=\frac{EI_0}{R^3}(\beta^2-1)=6.61\frac{EI_0}{R^3}$$

(B)(1)圆环失稳时,将圆环的$\frac{1}{4}$看作弹性固定端支承拱,其稳定方程为

$$\tan\gamma\left[\beta\mathrm{ctan}\beta\gamma+(1-\beta^2)\frac{EI_0}{Rk_\theta}\right]=1$$

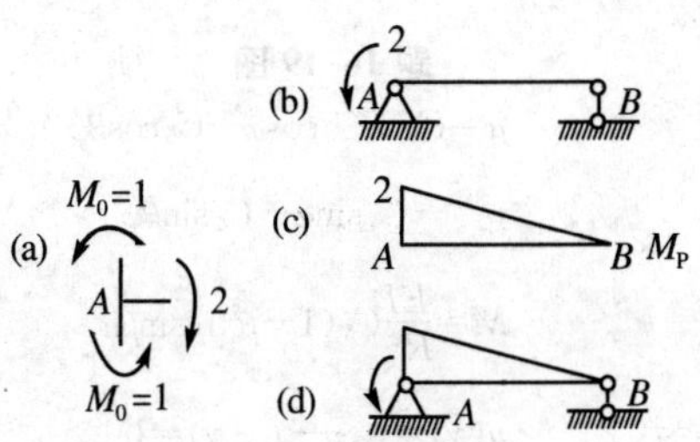

题 16-18-2 图解

(2)计算转动刚度 k_θ

截取结点 A，如题 16-18-2 图解(a)所示。当$\frac{1}{4}$拱拱脚弯矩 $M_0=1$ 时，横撑 AB 的杆端弯矩 $M_{AB}=2$，利用图乘法计算 A 端转角 θ_A，如题 16-18-2 图解(b)、(c)、(d)所示。

$$\theta_A=\frac{1}{2EI_0}\left(\frac{1}{2}\cdot 2\cdot R\cdot\frac{2}{3}\right)=\frac{R}{3EI_0},k_\theta=\frac{1}{\theta_A}=\frac{3EI_0}{R}$$

(3)求 β 值和稳定方程

将 k_θ 及 $\gamma=\frac{\pi}{4}$代入稳定方程，得　$\mathrm{ctan}\,\frac{\pi\beta}{4}=\frac{\beta^2+2}{3\beta}$

用试算法求得　　$\beta=4.68$

(4)求临界荷载

$$q_{cr}=\frac{EI_0}{R^3}(\beta^2-1)$$

$$=20.9\,\frac{EI_0}{R^3}$$

16-19 解题过程　与题 16-17 同理，失稳时变形按反对称形式出现。

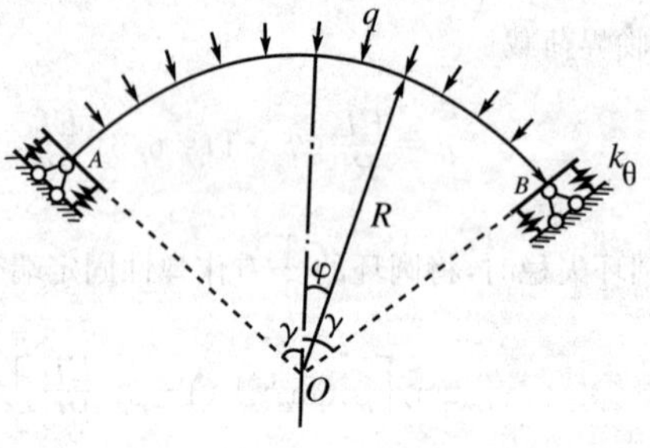

题 16-19 图

$$u=C_1+C_4\cos\varphi+C_6\cos\beta\varphi$$

$$v=-C_4\sin\varphi-C_6\sin\beta\varphi$$

$$M=\frac{EI}{R^2}C_6(1-\beta^2)\beta\sin\beta\varphi$$

边界条件为　　$u(\gamma)=0,v-(-\gamma)=0$

且　　$v'(\gamma)=v'(-\gamma')=\frac{M}{k_\theta}$

所以可列方程为

$$\begin{cases} C_1+\cos\gamma\times C_4+\cos\beta\gamma\times C_6=0 \\ \sin\gamma\times C_4+\beta\sin\beta\gamma\times C_6=0 \\ -\cos\gamma\times C_4-\beta^2\cos\beta\gamma\times C_6=\dfrac{EI}{R^2k_\theta}C_6(1-\beta^2)\beta\sin\beta\varphi \end{cases}$$

由系数行列为 0 可得

$$\begin{vmatrix} 1 & \cos\gamma & \cos\beta\gamma \\ 0 & \sin\gamma & \beta\sin\beta\gamma \\ 0 & -\cos\gamma & \left[-\beta^2\cos\beta\gamma-\dfrac{EI}{R^2k_\theta}(1-\beta^2)\beta\sin\beta\gamma\right] \end{vmatrix}=0$$

$$\sin\gamma\left[\beta\cos\beta\gamma+\frac{EI}{R^2k_\theta}(1-\beta^2)\sin\beta\gamma\right]=\cos\gamma\sin\beta\gamma$$

$$\tan\gamma\left[\beta\mathrm{ctan}\beta\gamma+\frac{EI}{R^2k_\theta}(1-\beta^2)\right]=1$$

当 $k_\theta=0$ 时,结构退化为两铰拱,即 $\mathrm{ctan}\beta\gamma=\infty$

当 $k_\theta\to\infty$时,结构为无铰拱,即 $\beta\tan\gamma=\tan\beta\gamma$

16-20 **解题过程** 如题中所示,可列出微分方程

$$EIy''=-F_Ny-\frac{1}{2}qx^2$$

$$y''+\frac{F_N}{EI}y=-\frac{1}{2}qx^2/EI$$

令 $\alpha^2=\dfrac{F_N}{EI}$,则

$$y''+\alpha^2y=-\frac{1}{2}\frac{qx^2}{EI}$$

齐次方程通解为 $y=A\cos ax+B\sin\alpha x$

特解设为 $y_P=ax^2+c$

代入方程可得 $2a+\alpha^2(ax^2+c)=-\dfrac{q}{2}x^2/EI$

由方程求导可得 $a=-\dfrac{q}{2\alpha^2EI}$

由 $2a+c\alpha^2=0$

得 $c=-\dfrac{2a}{\alpha^2}=\dfrac{q}{\alpha^4EI}$

$$y(x)=A\cos\alpha x+B\sin\alpha x-\frac{q}{2\alpha^2 EI}x^2+\frac{q}{\alpha^4 EI}$$

代入边界条件 $y(0)=0, y'(l)=0$，可得

$$A=-c=-\frac{q}{\alpha^4 EI}$$

$$-A\alpha\sin\alpha l+\alpha B\cos\alpha l-\frac{q}{\alpha^2 EI}\times l=0\Rightarrow B=-\frac{q}{\alpha^4 EI}\tan\alpha l+\frac{ql}{\alpha^3 EI}\sec\alpha l$$

$$y(x)=-\frac{ql}{\alpha^4 EI}\cos\alpha x+\left(-\frac{q}{\alpha^4 EI}\tan\alpha l+\frac{ql}{\alpha^3 EI}\sec\alpha l\right)\sin\alpha x-\frac{q}{2\alpha^2 EI}x^2$$

$$y_{\max}=y(l)=\frac{q}{\alpha^4 EI}\left(1-\sec\alpha l-\alpha l\tan\alpha l-\frac{\alpha^2 l^2}{2}\right)$$

$$=\frac{ql^4}{8EI}\times\frac{8\left(1-\sec u+u\tan u-\frac{1}{2}u^2\right)}{u^4}$$

其中 $u^2=\alpha^2 l^2=\dfrac{F_N l^2}{EI}$

$$y''(x)=-A\alpha^2\cos\alpha x-B\alpha^2\sin\alpha x-\frac{q}{\alpha^2 EI}$$

$$M_{\max}=-EIy''(l)=EI(A\alpha^2\cos\alpha l+B\alpha^2\sin\alpha l)-\frac{q}{\alpha^2}$$

$$=-\frac{q}{\alpha^2}[\cos\alpha l+(\tan\alpha l-\alpha l\sec\alpha l)\sin\alpha l]-\frac{q}{\alpha^2}$$

$$=-\frac{ql^2}{2}\times\frac{2(\sec u-u\tan u+1)}{u^2}\ (u=\alpha l)$$

可见 $y_{\max}$ 与 $M_{\max}$ 中第二部分即为放大系数。

16-21 解题过程 当 $F_N=0$ 时，如题 16-21 图解(a)所示。

$$\begin{bmatrix} 2\left(\dfrac{12i_1}{H^2}-\dfrac{6F_N}{5H}\right) & 2\left(\dfrac{6I_1}{H}-\dfrac{F_N}{10}\right) \\ 2\left(\dfrac{6i_1}{H}-\dfrac{F_N}{10}\right) & 2\left(4i_1-\dfrac{2F_N H}{15}\right)+12i_2 \end{bmatrix}\begin{bmatrix} v_1 \\ \theta_2 \end{bmatrix}=\begin{bmatrix} -2F_P \\ 0 \end{bmatrix}$$

即
$$\boldsymbol{K}'\begin{bmatrix} v_1 \\ \theta_2 \end{bmatrix}=\begin{bmatrix} -2F_P \\ 0 \end{bmatrix}$$

(1)当 $F_N=100$ kN 时，如题 16-21 图解(b)所示。

$$\boldsymbol{K}'=\begin{bmatrix} 513\ \dfrac{\text{kN}}{\text{m}} & 1\ 639\ \text{kN} \\ 1\ 639\ \text{kN} & 16\ 430\ \text{kN}\cdot\text{m} \end{bmatrix}$$

解方程$\begin{bmatrix} 513 & 1\,639 \\ 1\,639 & 16\,430 \end{bmatrix}\begin{bmatrix} v_1 \\ \theta_2 \end{bmatrix}=\begin{bmatrix} -20 \\ 0 \end{bmatrix}$得

$$u_1=-0.057\ \text{m},\theta_2=0.005\,7$$

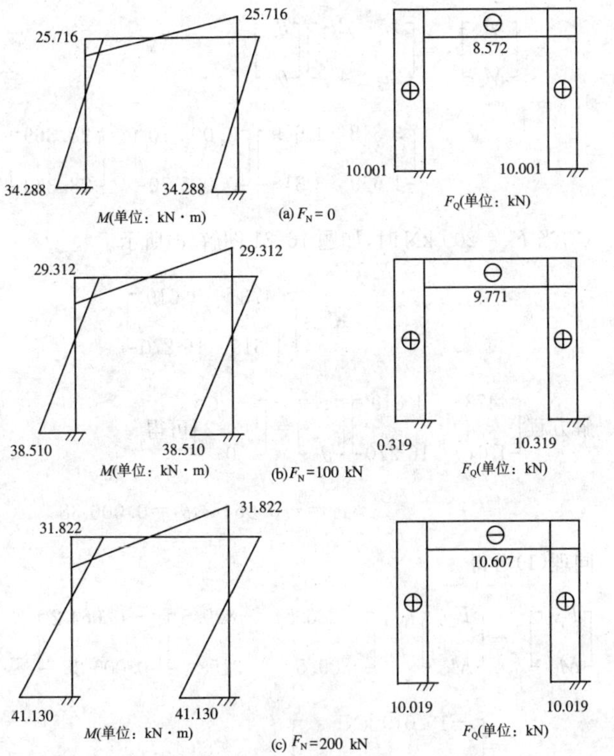

题 16-21 图解

单元①③的上端杆端力为

$$\begin{bmatrix} Fy_1 \\ M_1 \end{bmatrix}^{①}=\begin{bmatrix} Fy_1 \\ M_1 \end{bmatrix}^{③}=\begin{bmatrix} 256.5 & 819.5 \\ 819.5 & 3\,238 \end{bmatrix}\begin{bmatrix} -0.057 \\ 0.005\,7 \end{bmatrix}$$

$$=\begin{bmatrix} -10.000\ \text{kN} \\ -28.411\ \text{kN}\cdot\text{m} \end{bmatrix}$$

单元①③的下端杆端力为

$$\begin{bmatrix} Fy_2 \\ M_2 \end{bmatrix}^{①}=\begin{bmatrix} Fy_2 \\ M_2 \end{bmatrix}^{③}=\begin{bmatrix} -256.5 & -819.5 \\ 819.5 & 1\,679 \end{bmatrix}\begin{bmatrix} -0.057 \\ 0.005\,70 \end{bmatrix}$$

$$=\begin{bmatrix}10.000\ \text{kN}\\-37.311\ \text{kN}\cdot\text{m}\end{bmatrix}$$

单元②的杆端弯矩为

$$\begin{bmatrix}M_1\\M_2\end{bmatrix}^{②}=\begin{bmatrix}4i_2 & 2i_2\\2i_2 & 4i_2\end{bmatrix}\begin{bmatrix}\theta_2\\\theta_3\end{bmatrix}$$

$$=\begin{bmatrix}3\ 318 & 1\ 659\\1\ 659 & 3\ 318\end{bmatrix}\begin{bmatrix}0.005\ 70\\0.005\ 70\end{bmatrix}=\begin{bmatrix}28.369\\28.369\end{bmatrix}\text{kN}\cdot\text{m}$$

(2)当 $F_N=200$ kN 时，如题 16-21 图解(c)所示。

$$\boldsymbol{K}'=\begin{bmatrix}473 & 1\ 619\\1\ 619 & 16\ 270\end{bmatrix}$$

解方程$\begin{bmatrix}473 & 1\ 619\\1\ 619 & 16\ 270\end{bmatrix}\begin{bmatrix}v_1\\\theta_2\end{bmatrix}=\begin{bmatrix}-20\\0\end{bmatrix}$可得

$$v_1=-0.064\ 2,\theta_2=0.006\ 38$$

同理(1)可得

$$\begin{bmatrix}Fy_1\\M_1\end{bmatrix}^{①}=\begin{bmatrix}Fy_1\\M_1\end{bmatrix}^{③}=\begin{bmatrix}-236.5 & -809.5\\809.5 & 3158\end{bmatrix}\begin{bmatrix}-0.064\ 2\\0.006\ 38\end{bmatrix}$$

$$=\begin{bmatrix}-10.019\ \text{kN}\\-31.822\ \text{kN}\cdot\text{m}\end{bmatrix}$$

$$\begin{bmatrix}Fy_2\\M_2\end{bmatrix}^{①}=\begin{bmatrix}Fy_2\\M_2\end{bmatrix}^{③}=\begin{bmatrix}-236.5 & -809.5\\809.5 & 1\ 699\end{bmatrix}\begin{bmatrix}-0.064\ 2\\0.006\ 38\end{bmatrix}$$

$$=\begin{bmatrix}10.019\ \text{kN}\\-41.130\ \text{kN}\cdot\text{m}\end{bmatrix}$$

$$\begin{bmatrix}M_1\\M_2\end{bmatrix}^{②}=\begin{bmatrix}3\ 318 & 1\ 659\\1\ 659 & 3\ 318\end{bmatrix}=\begin{bmatrix}0.006\ 38\\0.006\ 38\end{bmatrix}$$

$$=\begin{bmatrix}31.753\ \text{kN}\cdot\text{m}\\31.753\ \text{kN}\cdot\text{m}\end{bmatrix}$$

16-22 **解题过程** 由例 16-21 题已求出，整体刚度方程为

$$\begin{bmatrix} 2\left(\frac{12i_1}{H^2}-\frac{6F_N}{5H}\right) & 2\left(\frac{6i_1}{H}-\frac{F_N}{10}\right) \\ 2\left(\frac{6i_1}{H}-\frac{F_N}{10}\right) & 2\left(4i_1-\frac{2F_N H}{15}\right)+12i_2 \end{bmatrix}\begin{pmatrix} v_1 \\ \theta_2 \end{pmatrix}=\begin{pmatrix} -2F_P \\ 0 \end{pmatrix}$$

当 $F_P=10$ kN 时，随着 F_N 的增大，体系最终失稳。此时

$$D=\begin{vmatrix} \frac{12i_1}{H^2}-\frac{6F_N}{5H} & \frac{6i_1}{H}-\frac{F_N}{10} \\ \frac{6i_1}{H}-\frac{F_N}{10} & 4i_1-\frac{2F_N H}{15}+6i_2 \end{vmatrix}=0$$

展开后，化简得 $F_{Ncr}=7.4486\dfrac{EI_1}{H^2}=1022.774$ kN

与例 16-8 得到的结果是相同的。可见，失稳时结构的临界荷载凡是结构本身固有的特征值，与横向荷载没有关系，也与实际中受到的 F_P 没有关系。

第 17 章 结构的极限荷载

本章知识要点概述

1. 理解屈服弯矩、极限弯矩、塑性铰和极限荷载的概念。了解判定极限荷载的三个定理。
2. 掌握截面极限弯矩的计算方法。
3. 熟练掌握机构法求解超静定单跨梁和连续梁极限荷载的方法。
4. 掌握用试算法求梁极限荷载的方法。
5. 了解刚架的极限荷载。

知识点归纳

一、基本概念

1. 塑性分析

塑性分析与弹性分析的区别在于，弹性分析是以个别危险截面上的最大应力达到屈服极限来确定结构的承载能力，没有考虑材料的塑性。所以，弹性分析不能正确反映整个结构的强度储备，是不够经济的。塑性分析充分考虑了材料的塑性性质，以整个结构的承载能力耗尽时的荷载界限来计算结构所能承受的荷载。比弹性分析更能正确地反映结构的强度，更为经济。

塑性分析方法比弹性分析简单，但是只适用于延性较好的弹塑性材料。对于脆性材料和变形条件较严的结构不宜采用塑性分析方法。

2. 塑性铰

受弯杆某截面弯矩达到极限弯矩时，其附近无限靠近的相邻两截面可发生有限相对转角，这种截面称为塑性铰。塑性铰为单向铰，但其上存在极限弯矩。

梁与刚架中可能出现塑性铰的截面位置为：杆端截面、集中荷载作用点处、分布荷载范围内弯矩极值点处、截面大小突变处等。

3. 极限荷载 F_{Pu}（或 q_u）及结构极限状态

当结构上有足够多的截面达到了截面塑性极限状态，即形成了足够多的塑性铰，若继续加载，结构便成为机构，不再保持静力平衡，即丧失了承载能力，则称结构达到了塑性极限状态。在此极限状态下，结构上的荷载 F_P 或 q 是其所能承受的最大荷载，该荷载被定义为结构的塑性极限荷载，简称极限荷载，用 F_{Pu}或 q_u 表示。

二、超静定梁的极限荷载

1. 超静定梁的破坏过程和极限荷载的特点

超静定梁由于具有多余约束，因此必须有足够多塑性铰出现，才能使其变为机构。

超静定梁的极限荷载只需根据最后的破坏机构应用平衡条件即可求出。

2. 超静定梁计算的特点

超静定梁计算的特点是：

(1)超静定结构极限荷载的计算无须考虑结构弹塑性变形的发展过程，只需考虑最后的破坏机构。

(2)超静定梁极限荷载的计算只需考虑静力平衡条件，而无须考虑变形协调条件，因而比弹性计算简单。

(3)超静定结构的极限荷载不受温度变化、支座移动等因素的影响。这些因素只影响结构变形的发展过程，而不影响极限荷载的数值。

三、比例加载时判定极限荷载的一般定理

1. 结构达到极限状态时应满足的三方面条件

(1)平衡条件:结构整体及任一隔离体都保持平衡。

(2)内力局限条件(内力局限条件):任一截面内力不超过极限值,如 $M_u \geqslant M \geqslant -M_u$。

(3)单向机构条件:出现足够多的塑性铰,使结构成为机构。结构能沿荷载方向发生单向运动(单向机构)。

2. 判定极限荷载的三个定理

(1)基本定理:$F_P^+ \geqslant F_P^-$ 。

(2)单值定理(唯一性定理):若 F_P 满足 $F_P^- = F_P = F_P^+$,则 $F_P = F_{Pu}$。

(3)下限定理(下限定理):$F_{Pu} = F_P^-$ 。

(4)上限定理(上限定理):$F_{Pu} = F_P^+$ 。

四、计算极限荷载的基本方法

1. 极限平衡法(又称静力法或极限弯矩平衡法)

根据结构在极限状态的弯矩图,由静力平衡条件计算求得的荷载即是结构的极限荷载。

2. 破坏机构法(又称机动法或虚位移法)

根据结构在极限状态的单向机构,使该破坏机构产生与加载方向一致的微小虚位移,由外荷载与极限弯矩在机构虚位移上所做总虚功等于零来建立虚功方程,求解该虚功方程便得到结构的极限荷载。

3. 试算法

对于比例加载的给定结构,选择其在极限状态下若干个可能的破坏机构,按破坏机构法算出相应的可破坏荷载。取所得可破坏荷载中的最小值,验算在其作用下结构弯矩图的屈服条件。若满足屈服条件,该荷载即是极限荷载;若不满足屈服条件,应继续寻找可能的破坏机构,重复前述计算及验算过程。

典型例题与解题技巧

例 1 试用静力法求例 17-1 图(a)所示超静定梁的极限荷载。

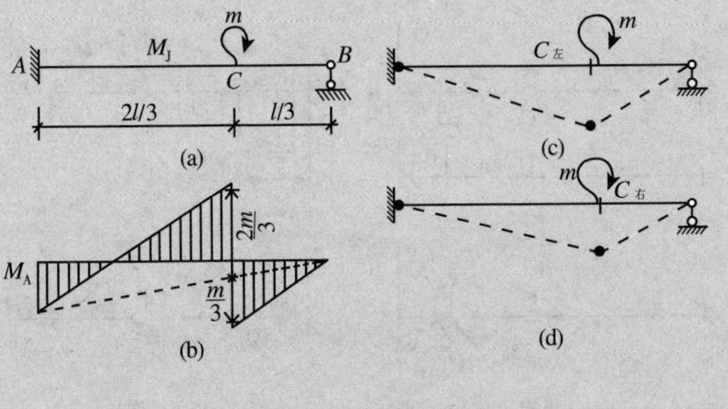

例 17-1 图

解题过程 (1)建立弯矩方程

按弹性阶段弯矩图(例 17-1 图(b))写出弯矩方程

$$-M_C^L=-\frac{2}{3}m+\frac{1}{3}M_A \tag{1}$$

$$M_C^R=\frac{1}{3}m+\frac{1}{3}M_A \tag{2}$$

(2)选择破坏机构,求破坏荷载

①设塑性铰产生在截面 A 和 C^L。

机构条件为 $M_A=M_J, M_C^L=M_J$

代入式(1),得 $\frac{2}{3}\mathrm{m}=M_J+\frac{1}{3}M_J$

求得 $m_1=2M_J$

②设塑性铰产生在截面 A 和 C^R。

机构条件为 $M_A=M_J, M_C^L=M_J$

代入式(2),得 $\frac{1}{3}m=M_J-\frac{1}{3}M_J$

求得 $m_2=2M_J$

(3)确定极限荷载

由于 $m_1=m_2$，所以 $C_{左}$ 和 $C_{右}$ 截面同时破坏，极限荷载为

$$m_J=m_1=m_2=2M_J$$

例 2 例 17-2 图(a)所示为矩形等截面梁。已知 AC 段和 CD 段上的极限弯矩分别为 $M_{u1}=1.5M_u$、$M_{u2}=1.2M_u$，试求在图示荷载作用下，梁的极限荷载及相应的屈服区。

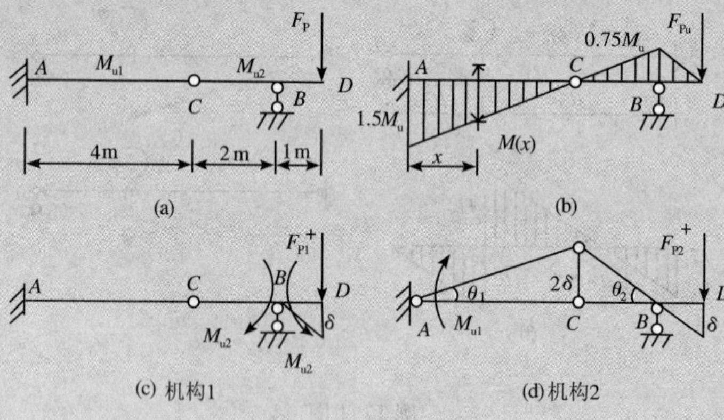

例 17-2 图

解题过程 (1)计算极限荷载(穷举法)

梁在 A 和 B 截面分别形成塑性铰而成为可能破坏机构，如例 17-2 图(c)、(d)所示。分别计算其相应的可破坏荷载如下：

①计算 F_{P1}^+

由机构 1 的虚位移图建立虚功方程

$$F_P^+ 1\delta=M_{u2}\frac{\delta}{1}$$

所以 $$F_{P1}^+=M_{u2}=1.2M_u \qquad ①$$

②计算 F_{P2}^+

由机构 2 的虚位移图建立虚功方程

$$F_{P2}^+\delta=M_{u1}\theta_1$$

由虚位移图的几何关系知

$$\theta_1=\frac{2\delta}{4}=\frac{1}{2}\delta$$

代入上式，解得 $$F_{P2}^+=\frac{1}{2}M_{u1}=0.75M_u \qquad ②$$

③确定极限荷载

根据极限荷载为可破坏荷载的极小值的极小定理，知 $F_{Pu}=F_{P2}^{+}=0.75M_u$

(2)确定梁极限状态时的屈服区

用 F_{Pu} 替换例 17-2 图(a)上的荷载 F_P，计算得例 17-2 图(b)所示梁极限状态时的弯矩图(即机构 2 对应的弯矩图)。

设梁 AC 段和 CD 段上的弹性极限弯矩分别为 M_{S1} 和 M_{S2}，再由矩形截面的塑性截面模量系数 $\alpha=\dfrac{M_u}{M_S}=1.5$，得

$$M_{S1}=\frac{1}{1.5}M_{u1}=M_u \tag{③}$$

$$M_{S2}=\frac{1}{1.5}M_{u2}=0.8M_u \tag{④}$$

由例 17-2 图(b)所示直线段组成梁的极限弯矩图可知，CD 段上的最大弯矩 $M_B=0.75M_u$，其小于该段上的弹性极限弯矩 $M_{S2}=0.8M_u$。所以 CD 段上无屈服区。

设 AC 段由塑性铰 A 处开始向右伸展的塑性区长度为 x，即求使弯矩 $M(x)=M_{S1}$ 时的 x 值。由例 17-2 图(b)极限弯矩图的几何关系得

$$\frac{M(x)}{4-x}=\frac{1.5M_u}{4}$$

即

$$\frac{M_{S1}}{4-x}=\frac{1.5M_u}{4}$$

由式③知 $M_{S1}=M_u$，代入上式得 $x=1.33$ m

则梁在 A 向右 1.33 m 的长度内是塑性区，即屈服区。

课后习题全解

17-1 解题过程 (a)等面积轴为工字形截面的形心轴，则

$$S_1=S_2=b\delta_2\left(\frac{h}{2}-\frac{\delta_2}{2}\right)+\left(\frac{h-2\delta_2}{2}\right)\cdot\delta_1\cdot\left(\frac{h-2\delta_2}{4}\right)$$

$$=\frac{1}{2}bh\delta_2-\frac{1}{2}b\delta_2^2+\frac{1}{8}(h^2\delta_1-4\delta_1\delta_2h+4\delta_1\delta_2^2)$$

工程中，工字形截面的 δ_1 与 δ_2 均很小，故 δ_1^2、δ_2^2 和 $\delta_1\delta_2$ 都为高阶无穷小，故可忽

略。则原式变为

$$S_1=S_2=\frac{1}{2}bh\delta_2+\frac{1}{8}h^2\delta_1$$

极限弯矩 $M_u=\sigma_s(S_1+S_2)=\sigma_s\cdot 2\left(\frac{1}{2}bh\delta_2+\frac{1}{8}h^2\delta_1\right)$

$$=\sigma_s\cdot\left(bh\delta_2+\frac{1}{4}h^2\delta_1\right)=\sigma_s bh\delta_2\left(1+\frac{h\delta_1}{4b\delta_2}\right)$$

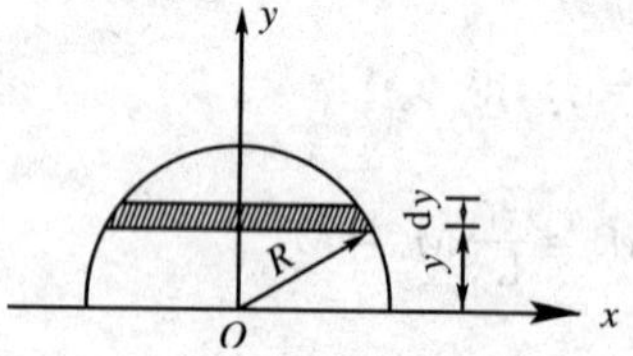

题 17-1 图解

(b)如题 17-1 图解所示。半圆对 y 向的形心坐标为

$$y_1=\frac{\int_0^R y\sqrt{R^2-y^2}\,\mathrm{d}y}{\frac{1}{2}\pi R^2}=\frac{2D}{3\pi}$$

则极限弯矩 $M_u=\sigma_s(S_1+S_2)$

$$=\sigma_s\left(\frac{2D}{3\pi}\cdot\frac{\pi D^2}{8}\cdot 2\right)=\sigma_s\frac{D^3}{6}$$

(c)由教材题 17-1 图(b)的推导可知，半圆环对 x 轴的静矩为

$$S_1=\frac{1}{12}[D^3-(D-2\delta)^3]$$

极限弯矩 $M_u=\sigma_s(S_1+S_2)=\sigma_s\times 2\times\frac{1}{12}[D^3-(D-2\delta)^3]$

$$=\frac{1}{3}\sigma_s\delta(3D^2-6D\delta+4\delta^2)=\frac{1}{6}\sigma_s D^3\left[1-\left(1-\frac{2\delta}{D}\right)^3\right]$$

17-2 解题过程 我们取一半结构的截面分析，设等面积轴距上边缘的距离为 x. 总面积

$$A=(50+40)\times 5=450\text{mm}^2$$

则一半面积 $\frac{A}{2}=255\text{mm}^2$，列方程得

$$(50+50-x)\frac{x}{2}=225$$

得： $x=4.7231$

上半面积的面积距 $S_1=(50-x)\cdot\frac{x^2}{2}+\frac{x^2}{2}\cdot\frac{2}{3}x=540.1316\text{mm}^3$

下半面积的面积距 $S=\frac{(5-x)^2\cdot 45}{2}+\frac{(5-x)^2}{2}\frac{1}{3}(5-x)+40\times5\times(5-x+20)$

$+\frac{5\times5}{2}\times\left(5-x+40+\frac{5}{3}\right)=4581.4\text{mm}^3$

$S=S_1+S_2=5122\text{mm}^3$

整个结构截面对等面积轴的面积距之比和为 $2S=10242\text{mm}^3$

所以极限弯矩 $M_u=2S\cdot 6s=102426s$

17-3 解题过程　破坏机构如题 17-3 图解所示。

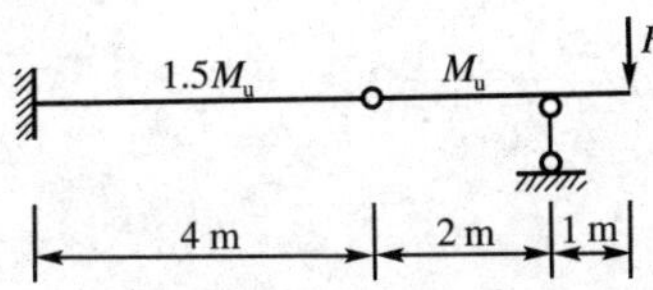

题 17-3 图

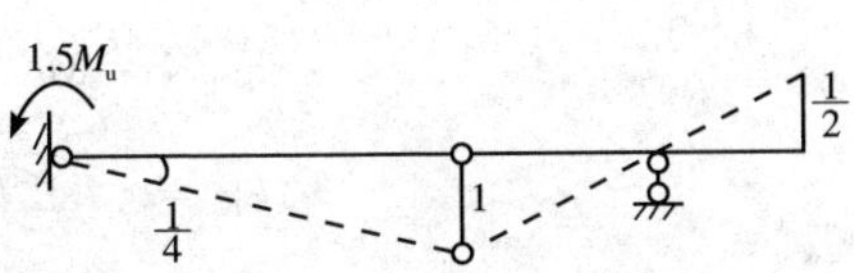

题 17-3 图解

由　　　　$F_{Pu}\times\frac{1}{2}=1.5M_u\times\frac{1}{4}$

得　　　　$F_{Pu}=0.75M_u$

17-4 解题过程　由题 17-4 图解所示破坏机构可得

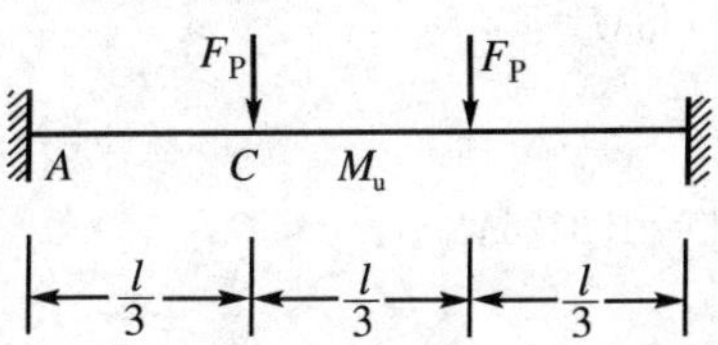

题 17-4 图

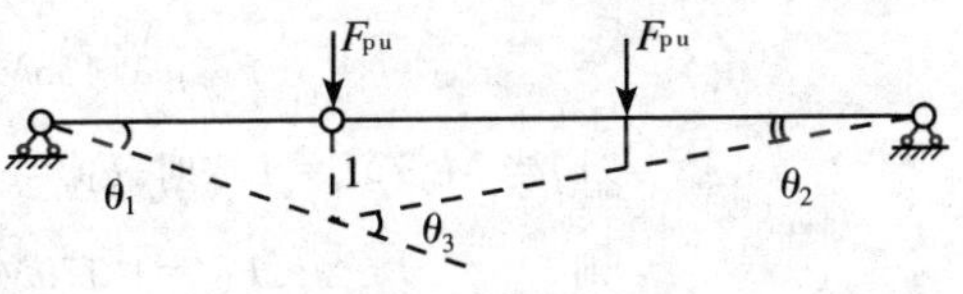

题 17-4 图解

$$\theta_1=\frac{3}{l},\theta_2=\frac{3}{2l},\theta_3=\theta_1+\theta_2=\frac{9}{2l}$$

由　　　　$F_{Pu}+\frac{1}{2}F_{Pu}=M_u(\theta_1+\theta_2+\theta_3)=M_u\left(\frac{3}{l}+\frac{3}{2l}+\frac{9}{2l}\right)$

得　　　　$\frac{3}{2}F_{Pu}=\frac{18M_u}{2l}=9\frac{M_u}{l}$

即　　　　$F_{Pu}=\frac{6M_u}{l}$

17-5 解题过程　破坏机构如题 17-5 图解所示。

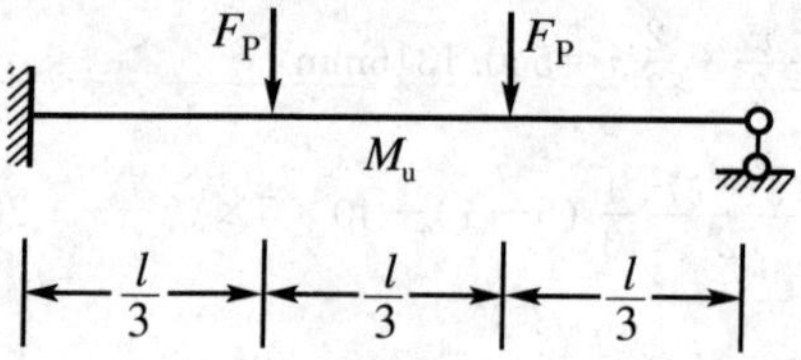

题 17-5 图

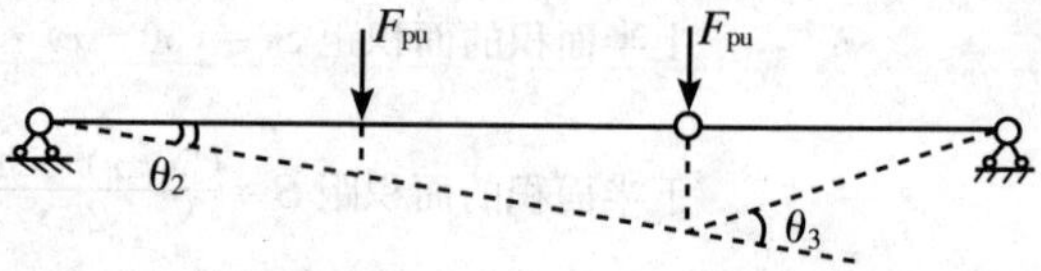

题 17-5 图解

由$\frac{3}{2}F_{Pu}=M_u\times(\theta_2+\theta_3)=6\frac{M_u}{l}$，可得

$$F_{Pu}=\frac{4M_u}{l}$$

17-6 解题过程 对于破坏机构(a)，如题 17-6 图解(a)所示。

$$F_{Pu}\times1=M_u{}'\times\frac{1}{4}+M_u{}'\times(\frac{1}{4}+\frac{1}{3.5})$$

$$F_{Pu}^{(a)}=0.7857M_u{}'$$

对于破坏机构(b)，如题 17-6 图解(b)所示。

$$F_{Pu}^{(b)}\times\frac{4}{5.5}=M_u{}'\times\left(\frac{1}{5.5}+\frac{1}{2}\right)$$

$$F_{Pu}=0.25M_u{}'+0.9375M_u$$

(a)当 $M_u{}'/M_u=2$ 时

$$F_{Pu}^{(a)}=1.5714M_u,F_{Pu}^{(b)}=1.438M_u$$

$$F_{Pu}=1.438M_u$$

(b)当 $M_u{}'/M_u=1.5$ 时，$F_{Pu}^{(a)}=1.179M_u$，$F_{Pu}^{(b)}=1.3125M_u$

则 $$F_{Pu}=1.179M_u$$

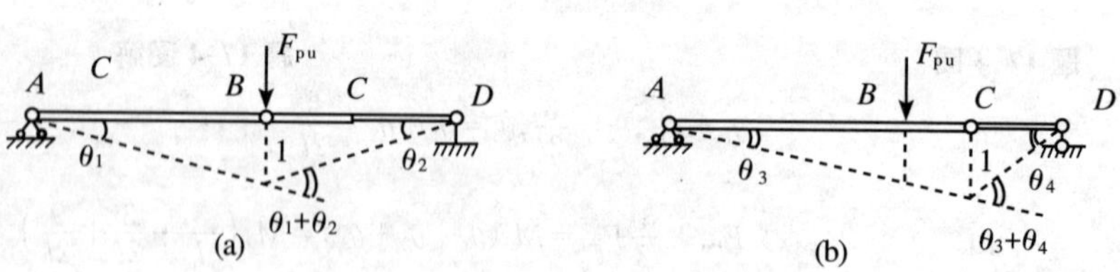

题 17-6 图解

17-7 解题过程 当第一跨破坏时，如题 17-7 图解(a)所示。

$$F_{Pu}\times1=M_u\times\left(\frac{2}{l}+\frac{4}{l}\right)=6\frac{M_u}{l}\text{，得 }F_{pu}=6\frac{M_u}{l}$$

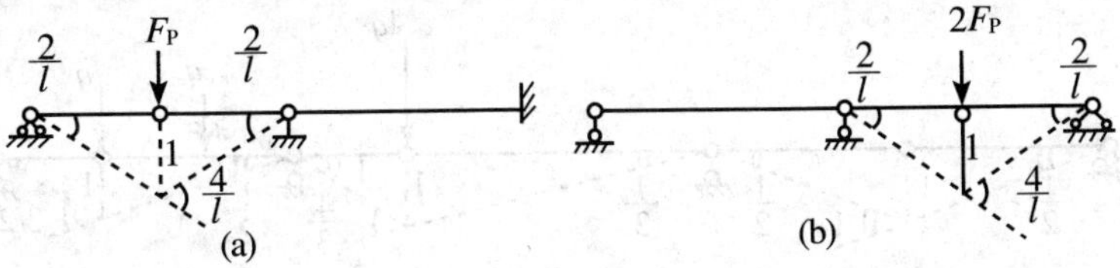

题 17-7 图解

当第二跨破坏时，如题 17-7 图解(b)所示。

$$2F_{Pu}\times 1=M_u\times\left(\frac{2}{l}+\frac{2}{l}+\frac{4}{l}\right)=8\frac{M_u}{l}$$

$$F_{Pu}=4\frac{M_u}{l}$$

比较两种情况可知

$$F_{Pu}=4\frac{M_u}{l}$$

17-8 解题过程 如题 17-8 图解所示。

当第一跨破坏时

由 $$\frac{1}{2}\times 10\times 1\times q_u=2M_u\times\left(\frac{1}{5}+\frac{2}{5}\right)+M_u\times\frac{1}{5}$$

可得 $$q_u=0.28M_u$$

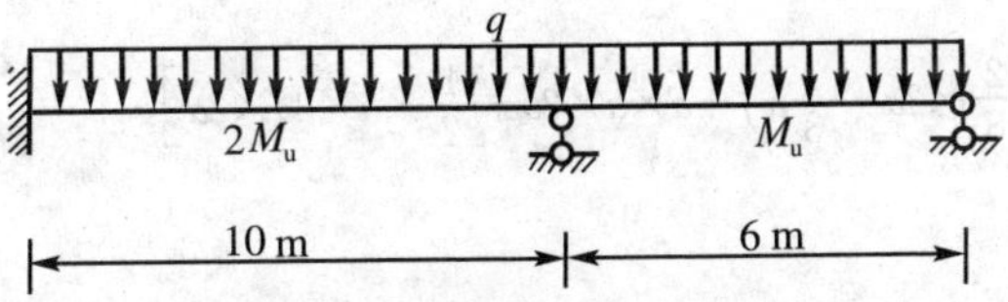

题 17-8 图

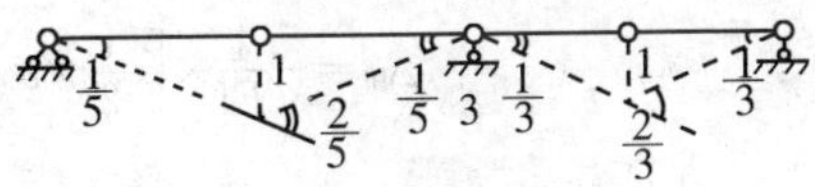

题 17-8 图解

当第二跨破坏时

由 $$\frac{1}{2}\times 6\times 1\times q_u=M_u\times\left(\frac{1}{3}+\frac{2}{3}\right)$$

可得 $$q_u=\frac{1}{3}M_u=0.333M_u$$

比较可得最小值，故 $q_u=0.28M_u$。

17-9 解题过程 各跨的破坏机构如题 17-9 图解所示。

由 $$q_u^{(1)}\times\frac{1}{2}\times 4\times 1=M_u\times\left(\frac{1}{2}+1+\frac{1}{2}\right)$$

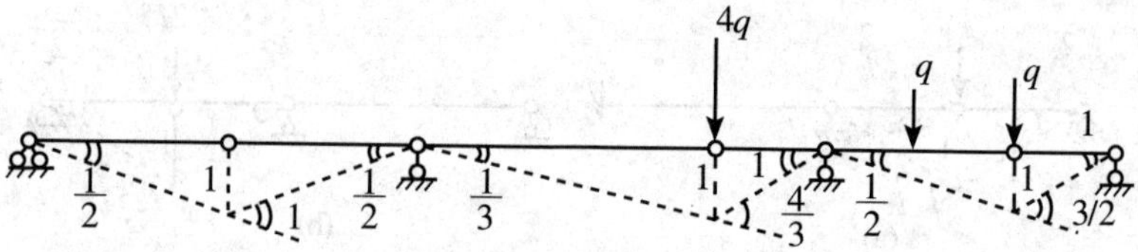

题 17-9 图解

可得 $q_u^{(1)}=M_u$

由 $4q_u^{(2)}\times1=M_u\left(\frac{1}{3}+1+\frac{1}{3}+1\right)$

可得 $q_u^{(2)}=\frac{2}{3}M_u$

由 $q_u^{(2)}\times\frac{1}{2}+q_u^{(1)}\times1=M_u\times\left(\frac{1}{2}\times\frac{2}{3}+1\right)=\frac{4}{3}M_u$

可得 $q_u=\frac{2}{3}M_u$

取最小值 $F_{Pu}=q_u=M_u$

17-10 解题过程 (1)第一阶段

由题 17-10-1 图解中(b)、(c)可得

$$\delta_{11}=\frac{1}{EI}\times\left(\frac{1}{2}\times2a\times2a\times\frac{2}{3}\times2a+2a\times2a\times2a\right)=\frac{32}{3}\frac{a^3}{EI}$$

$$\Delta_{1P}=-\frac{1}{EI}\times\left[\frac{1}{2}\times a\times a\times\left(\frac{2}{3}\times2a+\frac{1}{3}a\right)+a\times a\times2a+\frac{1}{2}\times a\times3a\times2a\right]$$

$$=-\frac{35}{6}\frac{a^3}{EI}$$

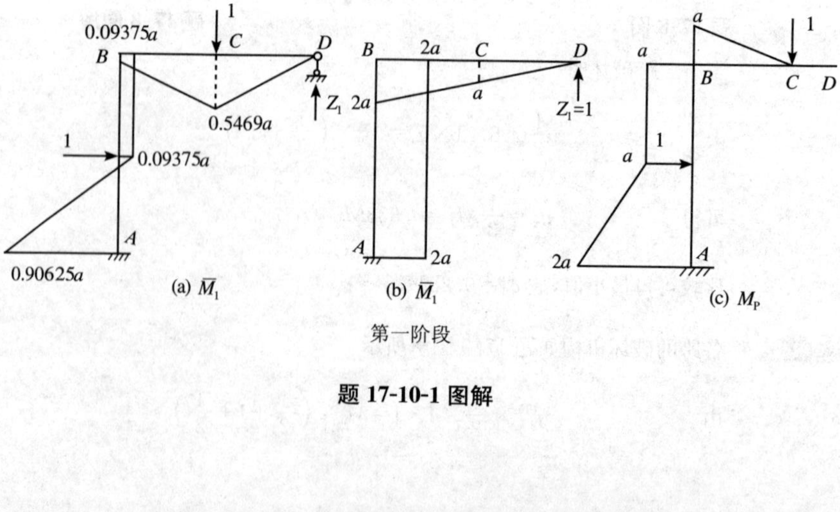

第一阶段

题 17-10-1 图解

$$X_1=-\frac{\Delta_{1P}}{\delta_{11}}=\frac{35}{64}$$

从而可得第一阶段弯矩图。

由 $F_{Pu}^{(1)}\times 0.90625a=M_u$，可得

$$F_{Pu}^{(1)}=1.1034\frac{M_u}{a}$$

(2)第二阶段

将 A 改为铰接，如题 17-10-2 图解所示。

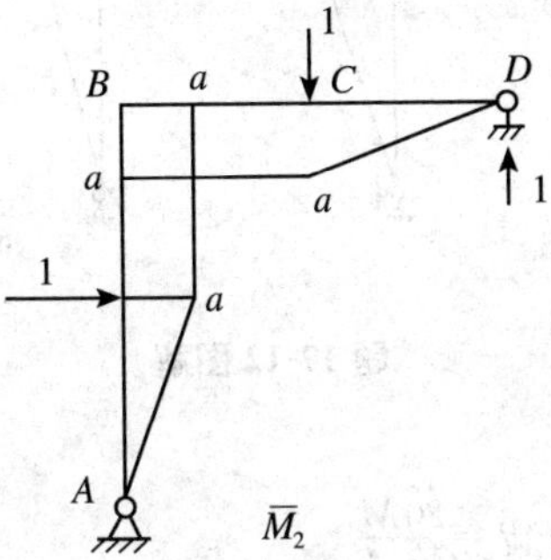

第二阶段

题 17-10-2 图解

此时，C 处只能再增加弯矩。

$$M_u^{(2)}=M_u-1.1034\frac{M_u}{a}\times 0.5469a=0.3966M_u$$

由 $F_{Pu}^{(2)}a=M_u^{(2)}$，可得 $F_{Pu}^{(2)}=0.3966\frac{M_u}{a}$

即极限荷载

$$F_{Pu}=F_{Pu}^{(1)}=1.5\frac{M_u}{a}$$

17-11 解题过程　由题 17-11 图解可知，在第一阶段 A 处 M 最大

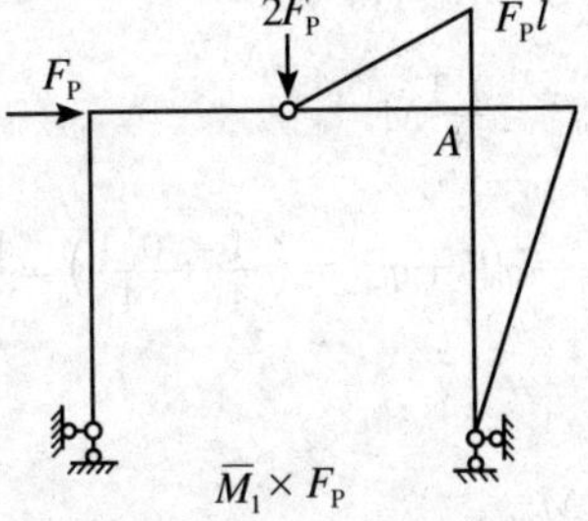

题 17-11 图解

当 M_A 达到 M_u 时，$F_P l = M_u$，即 $F_{Pu} = \frac{M_u}{l}$

而当 A 处出现铰后即破坏，该刚架极限荷载为 $\frac{M_u}{l}$。

17-12 解题过程 第一阶段 $\overline{M}_1$ 图如题 17-12 图解(a)所示。

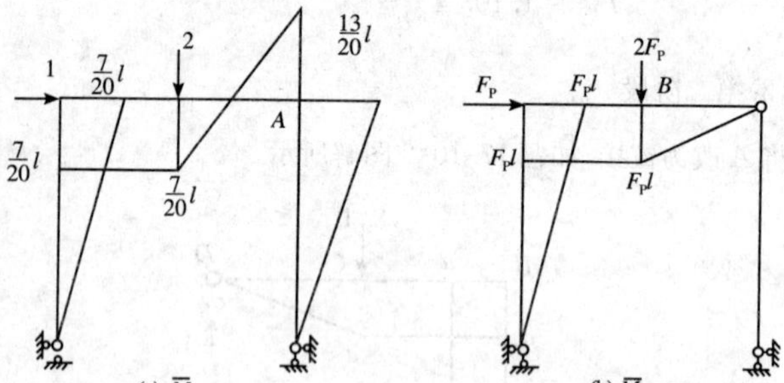

(a) $\overline{M}_1$ (b) $\overline{M}_2 \times F_P$

题 17-12 图解

$$F_{Pu}^{(1)} = \frac{20}{13}\frac{M_u}{l}$$

$$F_{Pu} = \left(\frac{20}{13} + \frac{6}{13}\right)\frac{M_u}{l} = 2\,\frac{M_u}{l}$$

17-13 解题过程 (1)第一阶段

如题 17-13 图解(a)所示。

由 $4q_u^{(1)} = M_u$，可得

$$q_u^{(1)} = \frac{1}{4}M_u$$

(2)第二阶段

如题 17-13 图解(b)所示，将 A、B 改为铰接。

由 $8q_u^{(2)} = 1.2M_u - M_u$ 可得

$$q_u^{(2)} = \frac{0.1}{4}M_u$$

$$q_u = q_u^{(1)} + q_u^{(2)} = \left(\frac{1}{4} + \frac{0.1}{4}\right) = \frac{1.1}{4}M_u$$

17-14 解题过程 (1)第一阶段

使负弯矩达到 M_u。

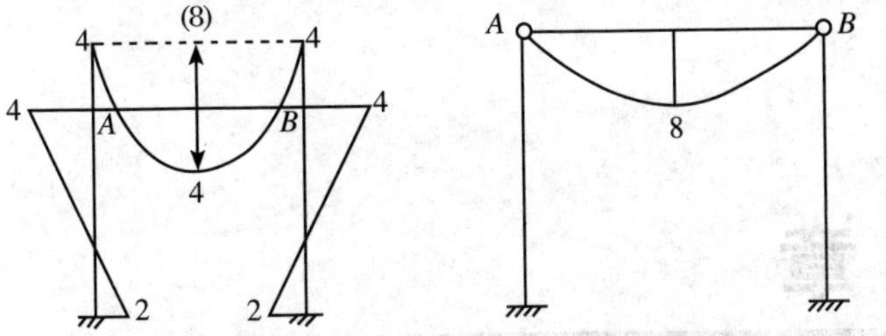

(a) $\bar{M}_1(\times q)$　　(b) $\bar{M}_2(\times q)$

题 17-13 图解

由$\frac{1}{12}q_u^{(1)}l^2=M_u$，得

$$q_u^{(1)}=\frac{12M_u}{l^2},M_C=\frac{M_u}{2}$$

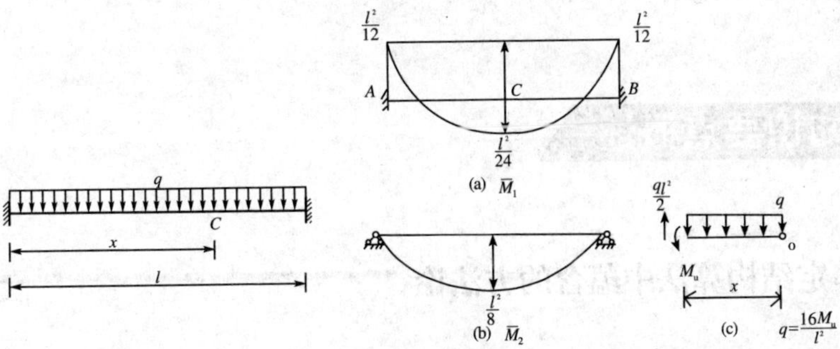

题 17-14 图解

(2)第二阶段

再加$\frac{M_u}{2}$，使 C 处也到达 M_u。

由$\frac{1}{8}q_u^{(2)}l^2=\frac{M_u}{2}$，得 $q_u^{(2)}=\frac{4M_u}{l^2}$

所以要使正负弯矩都达到 M_u，则需使 $q_u=\frac{16M_u}{l^2}$

由题 17-14 图解(c)得

$$M_o=0$$

$$\frac{1}{2}qlx=\frac{qx^2}{2}+M_u,\frac{8M_u}{l}x=M_u+\frac{8M_u}{l^2}x^2$$

$$8x^2+l^2-8lx=0,x_{1,2}=\frac{8\pm\sqrt{32}}{16}l$$

即　　$x_1=0.1465l,x_2=0.8535l$

第 18 章

结构力学与方法论

本章知识要点概述

一、静定结构算法中蕴含的方法论

1. 结构的计算简图（建模法）——分清主次（分合法的范例）。

2. 隔离体方法——转化搭桥（过渡法的范例）。

3. 受力分析与构造分析之间的对偶关系——对偶呼应（对比法的范例）。

4. 影响线的机动作法——交叉比拟（对比法的另例）。

二、超静定结构算法中蕴含的方法论

1. 力法的策略——转化搭桥（过渡法的范例）。

2. 位移法的策略——拆了再搭（分合法的范例）。

3. 力法、位移法与余能法、势能法之间纵横交错的四副对联——对偶呼应（对比法的范例）。

4. 博采众长的混合法——杂交混合（分合法的另例）。

三、力学方法论的常用三法

1. 从典型实例中提炼三法

(1)分合法——分析综合,分是基础。

(2)对比法——对比联系,比是核心。

(3)过渡法——过渡开拓,渡是重点。

2. 从三法到九式

- (三法)
  - (A) 分合法
    - (A1) 拆装式
    - (A2) 建模式
    - (A3) 混合式
  - (B) 对比法
    - (B1) 等效式
    - (B2) 对偶式
    - (B3) 比拟式
  - (C) 过渡法
    - (C1) 移植式
    - (C2) 广义式
    - (C3) 转化式

四、分合法

分合法即分析综合法。

分——把结构分解成有限个单元,把复杂分解成简易。化整为零,化难为易。

合——把有限个单元的简易变形状态结合成整个结构的复杂变形状态。积零为整,恢复原型。

分合法常用的三式:

(A1)拆装式(先拆再装)——先拆散成零件,再组装成原型。

(A2)建模式(剪枝留干)——分清主次,删次留主,建模近原型。

(A3)混合式(扬长避短)——多法混合,集各法之长,妙造新方。

五、对比法

对比法也称对比联合法。

对比法的要点是:通过对比,由此及彼,提交认识水平。

对比法常用的三式:

(B1)等效式——找出等效关系，以简化繁。

(B2)对偶式——找出对偶关系，由一知二。

(B3)比拟式——采用比拟手法，以浅近比喻深远。

六、过渡法

过渡法也叫过渡开拓法。

过渡法的要点是：架设过渡桥梁，从已知知识平台出发，上升到新的知识平台。

过渡法常用的三式：

(C1)移植式——向更广的范围过渡开拓。

(C2)广义式——向更高的水平过渡开拓。

(C3)转化成——向更新的领域过渡开拓。

七、结构力学之道

常用三法——分、比、渡，即以分析为基础的分析综合法，以对比为核心的对比联系法和以过渡为重点的过渡开拓法。